Sosthène Trésor N'NANG EBANE

A VIAGEM DE UM OBSERVADOR AO CORAÇÃO DOS UNIVERSOS

Sosthène Trésor N'NANG EBANE

A VIAGEM DE UM OBSERVADOR AO CORAÇÃO DOS UNIVERSOS

Matemática, Artes Espirituais, Judeus e Calendários

ScienciaScripts

Imprint

Any brand names and product names mentioned in this book are subject to trademark, brand or patent protection and are trademarks or registered trademarks of their respective holders. The use of brand names, product names, common names, trade names, product descriptions etc. even without a particular marking in this work is in no way to be construed to mean that such names may be regarded as unrestricted in respect of trademark and brand protection legislation and could thus be used by anyone.

Cover image: www.ingimage.com

This book is a translation from the original published under ISBN 978-3-8416-3595-2.

Publisher:
Sciencia Scripts
is a trademark of
Dodo Books Indian Ocean Ltd. and OmniScriptum S.R.L publishing group

120 High Road, East Finchley, London, N2 9ED, United Kingdom
Str. Armeneasca 28/1, office 1, Chisinau MD-2012, Republic of Moldova, Europe
Printed at: see last page
ISBN: 978-620-7-70550-4

Conteúdo

Fig: Dz^ Ayem

~<(o)>~

(Símbolos unitários, binários e trinitários<183 +1>)
CONCEPÇÃO GENESIS E EBANETH (LCS4)
nnangebanes@gmail.com
N'NANG EBANE Sosthene Tresor

*

**Este livro
é dedicado à memória do
Sr. EBANE MINTSA Jean Paul
(1954-2001)**

*** * ***

(Gendarmeria Nacional)

INTRODUÇÃO

*"Gosto de pensar que muitos jovens do vosso ∂ënёʒauon terão a vocação de procurar, no final dos seus estudos universitários, descobrir os Ir'sors da nossa cultura. Eles ainda estão enterrados no húmus das nossas aldeias "*Diz-se geralmente que o continente africano é construído em torno de uma relação estreita entre as velhas e as novas gerações, baseada principalmente na partilha de conhecimentos, a fim de tomar por sua vez as rainhas do poder. Este património de conhecimentos é, na maioria das vezes, transmitido através de ritos de iniciação, sem os quais seria impossível ser aceite no seio do grupo como uma figura de autoridade. O mundo invisível é assim dotado de um certo poder, sem o qual seria impossível governar os seres carnais. Durante estas celebrações espirituais iniciáticas, os k

instrumentos tradicionais como a Harpa Sagrada, o Mvet Ekang, etc., para instaurar o espírito de justiça na natureza humana, a fim de silenciar a sua ânsia de autossatisfação em detrimento do grupo chamado a permanecer sob os seus cuidados. Os instrumentos religiosos emitem sons melodiosos com o objetivo de ligar o espírito humano ao seu universo de essência, ao mesmo tempo que incorporam neles formas geométricas por vezes relacionadas com a organização do universo, colocando a vibração em primeiro lugar como a própria expressão da vida. A geometria e a espiritualidadc combinam-sc na intcgração da alma humana no seu universo de essência, dando origem a uma apreciação inteiramente diferente desta nova visão: *"O termo gëomëtrie sacrie é ëgalement nИзë para indicar a aplicação da gëomëtrie a uma religião e a todo o exotërismo como consëquência direta da conceção dëcrite abaixo do cosmos. As formas gëomëtricas são utilizadas em todas as culturas, na construção e estruturação de edifícios sagrados como templos, mesquitas, mëgalitos, igrejas e lugares sagrados como altares e tabernáculos,* Uma das particularidades observáveis nestes instrumentos espirituais é a incorporação de uma parte dita flexível noutra dita rígida, ou seja, obras práticas de duas realidades contraditórias. Esta dualidade contraditória pode também ser observada nas estações seca e chuvosa. A primeira refere-se a uma ação estática, enquanto a outra define uma ação em curso e sólida. Os períodos sucedem-se, o conjunto remete para um ciclo que se renova continuamente, sem a intervenção do homem, dando, sem dúvida, um novo sabor particular à expressão do belo: *"A arte, em todas as suas formas, é um meio de expressão das civilizações. É a marca da cultura, da organização social, religiosa, política e económica de um povo num determinado momento da sua história. Num contexto de arte ritual, permite ao povo agir e viver em harmonia com o seu ambiente. Neste sentido, as máscaras reflectem o conjunto das civilizações em que são produzidas, compreendidas e apreciadas.* A utilização da arte como meio de expressão está, na maior parte das vezes, sujeita a uma redução palpável e pocessiva da organização das realidades universais a uma representação manipulável pelo homem. É o processo de apropriação humana do planeta na sua verdadeira dimensão, como um ser recetivo à obra do criador. A arte é a concretização prática do desenrolar de uma história vivida pelo olhar do observador, realizada num suporte palpável e pocessivo, a fim de a transmitir às gerações futuras. Faz parte da preservação incondicional da história de uma determinada civilização. Embora a arte ritual se refira a um passado comum longínquo, ela é ferozmente exclusiva em relação a certos membros de uma mesma comunidade étnica, com base no respeito estrito das regras ancestrais. A observação dos seus diferentes esqueletos parece mergulhar estas artes rituais num universo com fortes conotações matemáticas, tendendo a retirá-las das suas zonas de conforto iniciais. Aquela guiada por uma curiosidade sobre a busca do conhecimento das memórias civilizacionais, que pode contribuir, em menor grau, para uma compreensão mais completa das mesmas. A que se constrói em torno das hipnotizantes e inebriantes organizações matemáticas dos seus múltiplos esqueletos: *"lallK'malics: ciência que ëtuda, por meio do raciocínio dëdutivo, as propriëtës dos seres abstractos (números, figuras gëomëtricas, funções, espaços, etc.) bem como as relações entre eles.*A colonização é um período da história que, na maioria das vezes, tende a reconhecer os africanos como parte integrante da revolução humana nos moldes ocidentais, ainda que mais remota na altura. A história do Egipto faraónico, que ainda hoje é objeto de debate quanto ao reconhecimento exato dos povos que aí viveram durante esse período glorioso, infelizmente não pode ser de grande ajuda para a compreensão destas artes rituais. De um modo geral, as artes rituais que identificámos têm a pirâmide, de uma forma ou de outra, como enquadramento principal. As configurações particulares desta figura geométrica, elemento-chave na expressão da grandeza espiritual de cada objeto de estudo, tendem a definir os seus portadores como detentores de um saber único. Num passado longínquo, o símbolo geométrico parece ter sido utilizado unanimemente por todos estes diferentes povos. É natural que cada memória civilizacional seja descoberta por sua vez, com a sua particularidade em relação ao monumento egípcio. O *Ngombi é um instrumento musical de cordas dedilhadas da África Central (República Centro-Africana, República do Congo e Gabão). É a harpa arqiK'e cirqiK'e utilizada pelos KwAlA (ou Kele), pelos Fang e pelos Mbochi.* "O Ngomba é constituído por um triângulo diagonal de 8 cordofones em posição paralela e fractal, extraído de um quadrado de 9 cm de comprimento. É construído de forma a que o comprimento seja uma unidade superior à sua diagonal principal, que é simbolizada pelo número 8, que por sua vez conhece o número 7 como valor numérico interno. O tripleto 987 implica que o maior número é incompatível com o menor valor, e assim por diante. A seguir: *"O Mvett, por vezes Acrit Mvet, ou Mver, que se refere a um instrumento musical de cordas escrito com uma letra maiúscula. O termo dëfinit un ensemble de lAcits guerriers qui se joue accompaðnë du dit instrument. Le Mvet designe a la fois la harpe- cithare ainsi que les recits heroiques que declame un barde appellee mbom-mvett (joueur/ conteur de Mvett)* " Em contraste com o anterior, o instrumento é constituído por um triângulo diagonal fractal com uma ponte que forma um ângulo reto com a sua base. Apresenta um tripleto aritmético manifesto de acordo com a sua construção, oferecendo simultaneamente a possibilidade de subida e de regressão. Note-se: T(n)=n+1+n é igual a T (3)=3+1+3=7 e T(n)=n+(n+1)+(n), é igual a T (3)=3+(3+1)+3=3+4+3=10, revelando o conjunto a imagem de um triângulo isósceles. Os dois objectos rituais são detidos em parte pela etnia seguinte, que vive maioritariamente no coração da floresta equatorial: *"Os Fang, cujo verdadeiro nome étnico é considerado por alguns como M'fang, são um grupo étnico Bantu que se encontra atualmente na África Central, principalmente no sul dos Camarões, na Guiné Equatorial e no Gabão, mas também na República do Congo, na República Centro-Africana e em São Tomé e Príncipe. A face enigmática da máscara é uniformemente triangular. Sob os olhos fechados e amendoados, como se estivessem inchados pelo sono, as maçãs do rosto altas tornam-se arredondadas (....). O padrão mais comum, em forma de escamas, é composto por nove losangos"*. Os padrões da máscara correspondem à transformação do quadrado em retângulo, de modo a acentuar a sua unidade prática com as figuras trilaterais. O padrão mais comum é o de um quadrado unido a quatro triângulos. As fórmulas triplas acima referidas são utilizadas para efetuar esta transformação. Os objectos rituais em questão são específicos de um determinado grupo étnico: *"Os Punu (também conhecidos por Bapunu, plural de Mpunu) são um grupo étnico que se encontra principalmente no sul do Gabão. Os Punu migraram para o sul do Gabão (na bacia do Ngounie) no século XVIII"*. Os Fang e os Punu são dois povos que vivem no Gabão e que não partilham nenhuma afinidade segundo as suas histórias migratórias respectivas, mas as artes rituais que possuem partilham surpreendentemente algumas características comuns muito marcantes ligadas à ciência dos matl'K'matiques, de que a pirâmide é um símbolo. Por extensão: *"O Songo é um jogo de estratégia africano da família dos jogos de semear. Existem diversas variantes, consoante a região geográfica, que tomam outros nomes. O nome Songo é típico dos habitantes da África Central (Camarões, Gabão, Guiné Equatorial). Na África Ocidental, mais especificamente na Costa do Marfim e no Níger, chama-se Awate ou Aweri, enquanto no Benim se chama Adjito e jeu de six no Togo.* Quanto ao jogo da sementeira, é desenhado a partir das diagonais de uma pirâmide. Organiza-se em torno do número 7, que desta vez está associado ao número 9 por fazer parte da família dos tripletos numéricos. A disposição do baralho entre os jogadores de frente um para o outro é uma perceção prática dos eixos de simetria. A estagnação triangular e diagonal do quadrado de 9 cm de comprimento é 28, ou seja, o dobro do número 14 que constitui o número de quadrados. A adição por decomposição numérica singular do número é igual a este mesmo número. Contar 1,2,3,4,5,6,7 e somá-los (1+2)+3+(4+5)+(6+7)=(3+3)+(9+13)=6+22=28. Na mesma linha, o castiçal judaico também tem 7 ramos: *"A Menorá é composta pelo prifixo "më" indicando a origem de um objeto associado à raiz hëbraica "norah", "nourah", de "nour", nem "flamme" ao fëminin. Menorah significa, portanto, da "chama", "que vem da chama". De acordo com a Cabala, esta chama não é outra senão a shëkina ou "presença de Deus". Existem* dois castiçais hebraicos, um com 7 ramos e outro com 9 ramos chamado Hanukkiah. Ambos são uma perceção de um triângulo diagonal e fractal. Constituem os 3º e 4º triplos aritméticos sucessivos: 3+1+3=7 e 3+4+3=10 (7) , 4+1+4=9 e 4+5+4=13. Segundo Maimónides, os ramos da Menorá são semelhantes à letra Y, uma variante típica dos ramos do Alto Nilo. O contexto egípcio entra sempre em jogo, de uma forma ou de outra, quando se fala dos esqueletos das artes sagradas. Num contexto tipicamente hebraico, o conjunto luminoso da Menorá revela o número 27 como resultado da sua condensação numérica, que é exatamente o mesmo número de letras que compõem o alfabeto hebraico. Na mesma perspetiva, o número 9, somando os resultados dos seus tripletos aritméticos, relaciona-se com o número 22=9+13, relativo ao mesmo alfabeto. Surgem ora com todos os ramos do mesmo tamanho, ora com os ramos principais mais altos que os outros, correspondendo à possibilidade de ascensão e regressão expressa pelos cordofones diagonais triangulares e fractais dos instrumentos de cordas dedilhadas. O crescimento e a decadência dos ramos podem remeter para as estações das chuvas e da seca, identificáveis na leitura material do tempo. Finalmente, *"O termo calendário, que vem da palavra latina calendrium e significa 'livro de contas', designa um documento que contém uma longa lista de informações: dias, semanas, meses de um determinado ano. Definição: é um sistema de divisão do tempo para facilitar a identificação de datas. "*O número 7, através dos meses de 31 dias, formará um eixo temporal com variações ondulatórias sobrepostas e inferiores, de modo que podemos ver que o calendário é uma soma do candelabro de 13 ramos e do candelabro de 9 ramos. Como bónus, a Menorá será descoberta como parte integrante do candelabro de 13 braços. No final, o calendário surgirá como o centro nevrálgico de todos os objectos rituais enumerados. Ao olhar para todas estas artes espirituais à luz do breve apergu acima descrito, parece possível fornecer informações adicionais sobre a forma como são entendidas pela comunidade. Não seria errado pensar que a multiplicidade é uma visão exaustiva da unidade, que desapareceu como resultado da busca feroz de poder, baseada no sentimento vergonhoso de segregação racial.

I-) O NGOMBI

https://www.bantoozone.org>ngoma-harpe-fang-music-gabon

*

Uma recordação
elogioso sobre
Sr. MINTSA MI EBANE Thomas Leonce
((01/01/1988)- (14/03/2019)

* * *

Mestrado II, História e Arqueologia

1-) A natureza do triângulo

Um observador não iniciado de instrumentos religiosos tradicionais embarca numa corrida para encontrar códigos matemáticos, inicialmente dentro da Harpa Sagrada. *"O Ngombi é um instrumento musical de cordas dedilhadas da África Central (República Centro-Africana, República do Congo e Gabão). Este é o Harpe arqiK'e utilizado pelos K\\'ëlë, (ou Kele), pelos Fang e também pelos Mbochi."* Ao olharmos para este parágrafo que descreve o Harpe arquee, apercebemo-nos de que ele é detido por vários povos africanos, que infelizmente já não partilham uma pátria comum, mas que possuem uma única história graças a esta memória civilizacional. É assim que a arte passa a ser vista como um elemento de identidade partilhado pelos seus diferentes povos. A preservação incondicional da história dos povos parece ter sido uma questão de grande importância desde tempos imemoriais. A ideia de salvaguarda implica uma outra, relativa ao destinatário, que por sua vez tem o dever de a perpetuar. Mas será que esta continuidade pode ser sempre prosseguida sob o olhar atento da ordem iniciática no sentido estrito do termo?

O estudo centrar-se-á essencialmente na ligação entre o braço, os cordofones, e o tronco, a memória civilizacional. A Harpa Sagrada tem 8 cordofones. No entanto, estes estão dispostos de cima para baixo por ordem ascendente, ao mesmo tempo que se revela a ordem descendente, começando pelo nível mais baixo, com o cordofone mais longo a dirigir-se para o mais curto no topo. Os cordofones concebem, assim, um elemento único que tem tanto a possibilidade de alcançar o céu como a possibilidade de alcançar a base, duas faces opostas da mesma moeda.

a-) o triângulo da isocele

(Lembrete incondicional da ordem de gasolina)

A escultura tem exatamente 8 perfurações no pescoço e 8 perfurações no tronco, que são unidas por 8 cordofones no meio. Tendo em conta o que precede, uma vez que o número de perfurações superiores é exatamente o mesmo no nível inferior, podemos deduzir que o triângulo aí revelado é isolado:

"Entre as figuras trilateralëres, o triângulo isocele é aquele que tem apenas dois lados ëgal".

Nesta configuração, o memche simboliza um lado de 8 cm, tal como o tronco, a partir do qual a mais longa das cordofones indica a sua base, que tem evidentemente um comprimento determinado. O número de cordofones não é tido em conta neste caso, o que dá origem a uma primeira hipótese.

O próprio triângulo isósceles evoca a harmonia dos opostos, através dos seus dois lados de igual dimensão com o triângulo neutro. A neutralidade implica a presença de um elemento adicional, oposto, no interior do par linear idêntico. Numa certa dimensão, pode descrever a visão tríplice da vida humana: mente-matéria-espírito. De facto, diz-se que o ser humano é em essência espírito, pelo que o seu corpo é apenas uma expressão conjugada com ele. No entanto, a morte, que separa o espírito do corpo, devolve o espírito à sua essência. À luz do exposto, o triângulo

9

da isocele evoca não só a passagem vã do espírito pela matéria, mas também o seu regresso ao estado de natureza. Em termos simples, ele liga momentaneamente a matéria ao espírito, para depois a devolver - um repouso temporário. É o regresso incondicional da humanidade ao seu ser essencial.

b-) o triângulo equilátero

(Estado de dependência totalitária)

Como segunda hipótese, é também possível considerar a perceção tripla do número 8 dentro da figura trilateral encontrada na arte ritual. Esta apresenta 8 perfurações superiores, 8 cordofones no centro e 8 perfurações inferiores. Deste ponto de vista, o número 8 será, portanto, considerado como a medida de cada um dos comprimentos dos três (3) lados do triângulo, a partir do qual se obtém um triângulo equilátero.

"Dentre as figuras trilatëres, o triângulo ëquilatëral é aquele que tem seus três côtës ëðaux".

O triângulo, com os seus lados do mesmo comprimento, pode ser relacionado com a ideia de equilíbrio perfeito, ou melhor ainda, com a harmonização de valores semelhantes que podem ser vistos em sítios diferentes. De facto, embora cada lado tenha um comprimento comum, as suas posturas são bastante diferentes. A base e os dois lados superiores parecem definir um ciclo permanente, razão pela qual o triângulo equilátero pode por vezes ser confundido com um círculo. É uma energia que se renova constantemente, e continua a fazê-lo até ao infinito. Não é nem mais nem menos do que a expressão de uma reunião comunitária de elementos da mesma natureza. Numa dimensão mais extrema, o triângulo equilátero evoca a aniquilação do domínio da matéria sobre o espírito. A presença de uma determinada entidade espiritual leva a alma humana a procurar refúgio noutros céus, contra a sua vontade. A figura trilateral descreve o estado hipnotizante do trabalho espiritual sobre a dimensão humana. É o estado de dependência totalitária da natureza humana.

c-) triângulo isósceles e triângulo equilátero

(Degrowth e crescimento)

As hipóteses acima expostas sobre a natureza exacta do triângulo encontrado em Ngoma sugerem que o triângulo isósceles é diferente do triângulo equilátero, uma vez que incorpora um lado (1) de dimensão diferente dos outros dois (2) a que está associado, que, pelo contrário, têm o mesmo comprimento. É importante notar, no entanto, que a transição do triângulo isósceles para o triângulo equilátero é possível através da ampliação do lado neutro, de modo a que este se possa fundir com os outros dois (lados semelhantes). É importante compreender que o tamanho e a pequenez são geralmente dois limites adjacentes ligados à evolução de um dado elemento. As águas de um rio sabem subir e descer, para justificar a visão manifesta das formas geométricas sobre a natureza. As figuras geométricas oferecem a possibilidade de ascensão e de regressão, como os cordofones da arte sacra, um único elemento que indica ao mesmo tempo a altura e a base. A

10

montanha está ligada à terra e ao céu, como elemento físico da natureza.

Esta observação leva-nos a definir duas fórmulas matemáticas para as diferentes figuras trilaterais. $T(n)=n+1+n=(2xn)+1$ é igual a $T(3)=3+1+3=(2x3)+1=1+6=7$ e $T(n)=n+n+n=3xn$ é igual a $T(3)=3+3+3=3x3=9$.

2-) A natureza dos quadriláteros

Não há dúvida de que a figura trilateral está presente no esqueleto da Harpa Sagrada de duas maneiras. A primeira é construída em torno do carácter triangular da sua organização morfológica, enquanto a segunda está relacionada com o número 8 que aparece 3 vezes, ou seja, 8 perfurações superiores, 8 cordofones e 8 perfurações inferiores. No entanto, vamos apenas focar o aspeto numérico no que diz respeito aos quadriláteros, ou seja, o quadrado, por um lado, e o retângulo, por outro.

a-) o retângulo
(transferência de forças celestes e terrestres)

De referir que o Ngombi inclui também 8 vícios, utilizados para ajustar o som único dos cordofones. Assim, temos 8 válvulas, 8 perfurações superiores, 8 cordofones no centro e 8 perfurações inferiores, indo de 888 a 8888. Tendo em conta o que precede, ao triplo 888 apenas se acrescenta um número 8, tal como um lado com o mesmo comprimento se junta a dois outros já com o mesmo comprimento num triângulo isósceles para dar origem a um triângulo equilátero. Para evidenciar este facto, é conveniente colocar 8 pontos no plano horizontal, respeitando a disposição dos elementos acima enumerados na arte ritual, o que nos dá o seguinte esquema:

Fig: 1'equisse rectangulaire

Δ Δ Δ Δ Δ Δ Δ Δ

Δ Δ Δ Δ Δ Δ Δ Δ

Δ Δ Δ Δ Δ Δ Δ Δ

Δ Δ Δ Δ Δ Δ Δ Δ

Fonte: N'NANG EBANE Sosthene Tresor

Do que precede, podemos facilmente determinar o comprimento do esboço retangular, que é de 8 cm, enquanto a largura é de 4 cm. O quadrilátero fornece assim uma visão numérica do comprimento e da largura, ou seja, 8 por 8 e 4 por 4. O par (8;8) pode designar o primeiro eixo de simetria, enquanto o segundo par (4;4) se refere ao segundo eixo de simetria:

"Um retângulo é um quadrilátero com quatro ângulos rectos.

- *Um retângulo é um paralelogramo*
- *O retângulo tem lados opostos paralelos de igual comprimento*
- *O retângulo tem dois eixos de simetria: os mëdianos dos seus lados*
- *Num retângulo, as diagonais têm o mesmo ponto médio e o mesmo comprimento.*

11

- *O ponto médio das diagonais é o centro de simetria do retângulo".*

As propriedades acima enumeradas enquadram-se perfeitamente no esquema retangular obtido através do alinhamento horizontal do número 8, que se repete na Harpa Sagrada. O quadrilátero concilia o paralelismo e a perpendicularidade, exprimindo a harmonia dos opostos. Evoca, sobretudo, a unidade das forças celestes e terrestres. Os lados verticais são mais curtos do que os horizontais, para significar dois factos práticos. As forças celestes descem à terra sob uma forma material, tal como as forças terrestres sobem aos céus por obra do espírito. As larguras simbolizam assim as zonas de metamorfose, de cada energia oposta. A chuva cai dos céus para gáudio dos seres terrestres, que, por sua vez, retribuem a chuva subindo em direção aos céus. O retângulo exprime a ideia de que toda a manifestação tem sempre consequências. É importante compreender que a minha vida humana se desenrola dentro de um quadro específico, mas fora dele vive uma energia vibratória que permite aos elementos internos moverem-se. A ideia que emerge aqui é que Deus não pode viver com a humanidade na terra, mas a humanidade evolui sob o seu olhar protetor.

b-) o quadrado

Tanto o quadrado como o retângulo são construídos em torno do número 8888, que se refere ao número de lados que têm. Para descobrir isto, temos naturalmente de reconsiderar o nosso esboço retangular acima.

Fig: 1'equisse rectangulaire

Δ Δ Δ Δ Δ Δ Δ Δ

Δ Δ Δ Δ Δ Δ Δ Δ

Δ Δ Δ Δ Δ Δ Δ Δ

Δ Δ Δ Δ Δ Δ Δ Δ

Fonte: N'NANG EBANE Sosthene Tresor

Um olhar atento a este desenho revela que ele é, na verdade, composto por dois (2) blocos de 16 triângulos cada, com dois (2) quadrados revelados dentro do retângulo. É correto separá-los como mostra o desenho abaixo:

Fig: 1'equisse rectangulaire

Fonte: N'NANG EBANE Sosthene Tresor

À luz do que precede, é evidente que o retângulo está efetivamente cheio de dois quadrados. O quadrado é assim visto como um componente do retângulo, numa perceção duplicada. A dualidade revela-se assim como uma perceção múltipla da unidade. É muito importante compreender, até este ponto da análise, que o número 3 está obviamente integrado com o número 4, simbolizando o triângulo por um lado e o quadrado por outro.

Tanto o quadrado como o triângulo equilátero estão relacionados com a ideia de unidade perfeita, com a visão cíclica de uma energia que se renova constantemente. Na posição horizontal, evoca factos tipicamente terrenos, enquanto na posição vertical dá conta de realidades celestes. Nesta última postura, apenas um ângulo reto toca o solo, enquanto os outros três parecem alcançar os céus. O valor celeste significativo e verdadeiro constrói-se naturalmente em torno do triângulo, que faz parte da sua componente interna. A figura trilateral está presente tanto no retângulo como no quadrado. É também o seu denominador comum, tal como os 4 ângulos e os 4 lados que possuem. É por isso que o número 8 é o símbolo numérico dos quadriláteros. Mas o triângulo confere um carácter celestial ao quadrilátero.

c-) o retângulo e o quadrado
(formas condensada e fraccionada)

É evidente que o retângulo é maior do que o quadrado, que oferece uma visão mais restrita. Assim, a passagem do retângulo para o quadrado está relacionada com a ideia de declínio, enquanto a passagem do quadrado para o retângulo exprime crescimento. O facto de o quadrado estar inscrito no retângulo implica que o crescimento e a decadência são duas evoluções de um mesmo objeto. Esta visão do crescimento e da decadência ao mesmo tempo revela a imagem do triângulo como uma figura sobretudo muito relevante na expressão do tamanho e da escala, o que corresponde muito exatamente à organização dos cordofones da Harpa Sagrada. Este facto não é de estranhar, dado que a figura trilateral é uma componente dos quadriláteros. Temos assim uma visão das formas do retângulo que é simultaneamente condensada e fragmentada. Um único elemento que tanto pode unir como desunir. O sol, por si só, tem três fases bem distintas: o nascer, o zénite e o pôr do sol, apesar de ser um elemento único na natureza. O que podemos dizer da lua e das suas diferentes fases? A ideia é que os elementos naturais podem, por vezes, dar-se mal, como no caso do eclipse solar, em que a lua parece engolir o sol, para depois o cuspir. E, no entanto, há dois períodos específicos durante os quais cada elemento deve ter o seu momento de glória, mas o facto é que a lua pode entrar em erupção durante o dia. O quadrado e o retângulo são dois quadriláteros distintos, mas capazes de se unirem sob uma única forma que é a primeira. Um implica incondicionalmente a presença do outro. Assim como o triângulo equilátero traz em si o triângulo isósceles. À luz do que precede, a observação tende a revelar uma espécie de parentesco entre as figuras geométricas, acompanhado de ascensão e regressão, justificando o triângulo como um exemplo muito caraterístico desta evolução contrastante.

3-) a configuração fractal do triângulo em números

(evolução diagométrica gradual)

a-) a configuração do número 8

Para alguns, seria incompreensível entender como o número 7 é expresso no triângulo do instrumento Harpa Sagrada, mesmo sendo ele composto por 8 cordofones. É preciso lembrar que estamos apenas a deixar-nos levar pela atmosfera fantástica que todas estas artes religiosas oferecem, e a Ngombi em particular. A leitura numérica em relação ao triângulo e ao retângulo do objeto de estudo permitiu efetivamente uma passagem do número 888 para o número 8888. À luz do que precede, o triângulo oferece uma visão tripla do número 8, enquanto o quadrado oferece uma perceção quádrupla do número 8, do qual se obtém obviamente o número 7 por simples adição. Há, de facto, duas ordens de evolução em relação ao que acaba de ser dito: o número 7, que é uma unidade mais pequeno que o número 8, é percebido através da adição tripla e quádrupla do segundo. Além disso, a passagem do número 24=3x8 para o número 32=4x8 mostra que o número 8 foi acrescentado. Por outras palavras, o simples número 8 evolui progressivamente no seio da arte ritual, partindo dele próprio: temos: 8+(8+8)+(8+8+8)+(8+8+8+8)=8+16+24+32. Se preenchermos cada número 8 com a sua frequência numérica de aparecimento, obtemos os seguintes números: 1+2+3+4=(1+2)+(3+4)=3+7=10. Podemos ver que o número 8 é multiplicado por um número diferente numa ordem de crescimento conhecida como fractal. A configuração fractal: *"Um objeto cuja estrutura é ёёрёк' a todas as escalas de observação"* da figura trilateral leva-nos a tomar a figura acima como ilustração:

Fig 3: Múmias e pirâmide

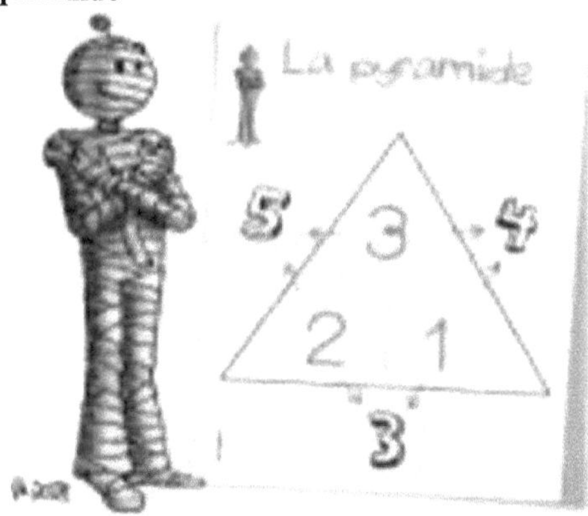

Fontes: https//:www.mummies2pyramid.com

O presente triângulo oferece exatamente uma evolução gradual do interior para o exterior, tal como, de outro ponto de vista, podemos obviamente observar um decaimento do exterior para o interior, exatamente como os cordofones do instrumento tradicional da Harpa Sagrada. O tripleto 123 é metade do tripleto 345, pois se assumirmos: 1+2+3=6 e 3+4+5=12, então o valor externo é 6 vezes maior que o interno. Neste caso, estamos a falar da perceção do tripleto do número 8, que é o dobro do número 12. Obtemos: 6+(6+6)+(6+6+6)+(6+6+6+6)=6+12+18+24.

b-) Diagonais e paralelismo

Convém agora começar pelo tripleto 123 e ir subindo até aos números 888 e 8888, que aparecem no plano da arte sacra. É importante compreender, no entanto, que cada número do tripleto deve ocupar uma posição de vanguarda, para que possa ser assimilado a um número idêntico, visto em forma de tripleto.

Colocamos:(x

123+132= 255

213+231=444

312+321= 366

Podemos ver que os números 255 e 366 são diferentes do número 444, que tem três dígitos idênticos. Assim, para uniformizar estes números, temos de inverter os dados da forma diagonal (x) para a forma paralela (=).

Let: (=)

123+321=444

213+231=444

312+132=444

Considerando primeiro o número 888,

A equação é: 444+444=888

O número 888, que simboliza o triângulo através da leitura algébrica dos Ngoma, é exatamente o dobro do número 12, que pode ser visto em forma fractal no triângulo egípcio ilustrado acima. Podemos ir mais longe, utilizando o número 8888 como ponto de partida.

Finalmente, consideremos o número 8888

Seja: (x)

4123+4132=8255

4213+4231=8444

4312+4321=8633

Mais uma vez, temos de inverter os dados X como no caso anterior:

Let: (=)

4123+4321=8444

4213+4231=8444

4312+4132=8444

Finalmente, os dados anteriores devem ser adicionados aos dados actuais para obter os números dos instrumentos.

Let: (=)

8444+444=8888

8444+444=8888

8444+444=8888

A arte sacra é constituída, em primeiro lugar, por 8 perfurações superiores, 8 cordas dedilhadas no centro e 8 perfurações inferiores, revelando simbolicamente o número 3. Em segundo lugar, somando os 8 vícios superiores utilizados para tornar cada cordofone mais eficaz, obtém-se o número 8888, revelando o número 4. Tendo em conta o que precede, o número 7 está habilmente escondido no Ngombi com 8 cordofones.

Consideremos mais uma vez a seguinte adição: 8444+444, contando cada algarismo singularmente ou preenchendo-os com o algarismo 1, obtemos o algarismo 7 por adição, ou seja, 1111+111=7. Se considerarmos também o número 8888, podemos ter primeiro o número 888 (perfurações e cordofones), depois o número 8888 (vícios, perfurações e cordofones), ou seja, 3+4=7.

É possível ir ainda mais longe, envolvendo a noção de estagnação numérica ou aritmética através do 8 por 4. Por outras palavras, o número 4 serve de vetor de assimilação aritmética dentro do número 8, através da sua forma fragmentada crescente.

Nós colocamo-nos:

8stg(4)=12345678

=2+(1+3)+4+(5-1)+(6-2)+(7-3)+(8-4)

=2+4+4+4+4+4+4

=2+(4x6)

=2+24

8stg(4)=26

If we consider the numeric condense **2+4+4+4+4+4+4,** filling each number with 1, we obtain the number 7 once again: **1+1+1+1+1+1+1=7.**

Num triângulo equilátero, podem-se traçar linhas paralelas à sua base e à sua altura numa ordem fragmentada, cujo número é uma pequena unidade inferior ao comprimento dos seus lados. O lado do triângulo Ngoma mede 8 perfurações/cm, pelo que se podem traçar 7 rectas paralelas à sua base e à sua altura.

Os cordofones reflectem sempre a mesma realidade implacável segundo a qual tudo assenta necessariamente num determinado fundamento, onde cada elemento do universo tem uma determinada origem. A relação entre o número 8, que se refere ao valor exterior ao triângulo, e o número 7, que designa o valor interior, mostra sem qualquer dúvida que é absolutamente necessário chegar ao 7 antes do 8. Assim, nesta perspetiva, o facto de as novas gerações aprenderem com as antigas é uma lógica matemática revelada pelo triângulo cordofone da arte sacra.

Nesta perspetiva, o próprio triângulo evoca simultaneamente a ascensão e a regressão, a capacidade de regressar a uma fase inicial, a partir da qual o final da história se resume à ideia de revolução: um regresso à estaca zero.

O tripé idêntico 444 simboliza, de facto, a energia original à qual as outras energias devem ser assimiladas, razão pela qual os números 255 e 366, invertendo os seus números X, chegam ao mesmo resultado. Assim, a passagem dos números 255, 444, 366 para 444, 444, 444, mostra evidentemente que o ciclo de um dado elemento termina com a recuperação da sua forma inicial.

O homem é um espírito, que vive num corpo durante um determinado período de tempo antes de voltar a ser um espírito. Os dois (2) universos precisam de ser preenchidos aqui. O tripleto mostra que existe uma energia neutra que unifica as duas realidades opostas, servindo de passagem entre elas.

O número 12 refere-se aos quatro triângulos associados à sua base quadrada, enquanto o número 7 se refere simplesmente à unidade do quadrado com o triângulo. Desta forma, a pirâmide apresenta-se na sua forma completa, por um lado, e em metade, por outro. É assim que se fala de um único elemento com inúmeras facetas.

Os triplos aritméticos oferecem uma perceção muito particular do triângulo contido na arte sacra africana. Com efeito, implicam a harmonização perfeita dos valores numéricos, definindo a figura trilateral como um símbolo de pureza. Os números são assimilados para se referirem a um único número com componentes triplas do mesmo valor, embora com valores de base diferentes. A observação feita sobre os números remete para uma ideia maior: a multiplicidade é combinada numa unidade completamente homogénea. A humanidade não se define apenas pelas suas características morfológicas e linguísticas e pelos seus nomes geográficos, mas também pela sua capacidade de solicitar a contribuição dos seus semelhantes para a realização de um determinado projeto. O projeto em questão será uma obra de arte única com duas contribuições não perceptíveis em termos de funcionamento e de utilidade.

Outro facto muito importante é a mobilidade dos valores aritméticos para obter um número idêntico e generalizado. De facto, os números passam de uma posição diagonal (x) para uma posição dita paralela (=), para exprimir uma homogeneidade tripartida ou quádrupla. Se os triplos se referem ao triângulo, e os números se referem não só às diagonais, mas também às rectas paralelas, então a figura trilateral está associada a um quadrilátero. Uma análise puramente algébrica revela a unidade do triângulo com o quadrilátero, cujo símbolo numérico é o número 7.

Voltemos à imagem utilizada como ilustração. A ideia da memória civilizacional Ngombi como tendo origem no Egipto faraónico pode não ser muito convincente. No entanto, podemos admitir que a perceção fractal da figura trilateral se enquadra perfeitamente na imagem proposta acima. Os números evoluem segundo a ordem progressiva de uma figura tomada como vetor de construção até à sua conclusão. Além disso, a visão diagonal e paralela dos números por adição relaciona-se com um quadrilátero. Como se trata de um resultado único que se generaliza tanto para três como para quatro possibilidades, só pode ser nem mais nem menos do que a unidade do triângulo com o quadrado, daí a pirâmide. Repare-se que a múmia tem os braços cruzados sobre o peito, imitando as diagonais, que se concretizam através dos números coloridos da nossa análise algébrica. E o triplo 888 que se refere ao número 24, metade do qual está representado na imagem da múmia?

c-) a ordem natural do tripleto numérico (5)

Vejamos a ordem de crescimento dos algarismos e dos números de 1 a 10, em três categorias distintas:

Temos 12345678910

Vamos identificar os números pares: 246810 (A)

Recordemos o outro natural: 12345678910 (B)

Vamos tirar os números ímpares: 13579 (C)

Determinemos as ordens de crescimento e de regressão:

(A): -2 e +2

(B): -1 e +1

(C): -2 e +2

Considerando os três conjuntos (A), (B) e (C), temos : (A)=(C) e (C)=(A)

(A)#(B) e (C)#(B)

Tendo em conta o que precede, o tripleto padrão para a revolução dos números é: -2-1-2=-5 ou 2+1+2=5. É essencial reconhecer que o tripleto aritmético é maioritariamente ímpar.

4-) a natureza diagonométrica do triângulo

a-) diagonais

Ao longo da secção anterior, mostrou-se que os triplos aritméticos estão relacionados com o triângulo e com o quadrilátero. No entanto, esta análise baseou-se na simples observação numérica e não permitiu determinar se o quadrado ou o retângulo estavam realmente associados à figura tripartida. Para descobrir a verdadeira identidade do triângulo contido nos cordofones do instrumento sagrado, sugerimos que se tenha em conta a disposição dos cordofones. Os cordofones estão dispostos por ordem decrescente da oitava (8ª), a mais longa, para a mais curta. Da mesma forma, a ordem decrescente evolui do cordofone que parece desaparecer sob o sovaco da escultura sagrada, para o mais longo. Além disso, estão dispostos de modo a que um espaço de igual comprimento os separe. O triângulo de Pascal é um *fascinante objeto mall'K'inal com muitas propriedades e aplicações"*:

Fig: o triângulo no tratado de Blaise Pascal

Fontes: https ://www. Wikipedia.org>trtangle-de-pascal

O triângulo de Pascal acima servirá de ilustração para nos ajudar a compreender a natureza dos cordofones na arte sacra. Sugere-se que consideremos inicialmente apenas a forma triangular. No plano, os números evoluem de zero (0) a (10), segundo as orientações verticais e horizontais, de modo a que o número zero possa constituir o vértice do triângulo. Em segundo lugar, todas as rectas verticais devem ser excluídas do plano, de modo a que apenas tenhamos rectas paralelas, de acordo com a disposição das diagonais. Note-se que cada segmento de reta está ligado ao mesmo valor, tanto em cima como em baixo, ou seja, a cada uma das suas extremidades. Há um total de 10 segmentos de reta paralelos dispostos ao longo das diagonais de um quadrilátero. Podemos ver que o número 10 é uma unidade mais pequena do que o número 11, contando o número zero como uma unidade de pleno direito. Isto conduz a uma regra muito simples: o comprimento de um triângulo num quadrilátero representa menos uma das diagonais nele contidas. De uma forma muito simples, isto significa que o número zero no vértice não é tido em conta, o que sugere que o triângulo não tem vértice.

Consideremos agora o exemplo típico que corresponde à disposição dos cordofones Ngoma dos antigos. Será então sugerido contar de zero (0) a oito (8) nos dois planos, o que na realidade equivale a contar de 1 a 9. Dado que estamos numa lógica de correspondência dual ou binária, restará uma unidade sem binómio. Daí os pares numéricos (1;1), (2;2), (3;3), (4;4), (5;5), (6;6), (7;7), (8;8). Assim, existem efetivamente 8 segmentos de reta paralelos dentro de um triângulo, pelo que o comprimento inicial é de 9 perfurações ou 9 cm. Os cordofones Ngombi simbolizam as diagonais de um quadrado.

b-) diagonais e eixos de simetria

Neste caso, é necessário completar a figura geométrica na qual o triângulo está inscrito. Para o fazer, temos de voltar a olhar para o triângulo de Pascal, tal como ilustrado acima. O décimo segmento de reta (diagonal) será tomado como eixo de simetria: *"Um eixo de simetria é uma reta que divide uma figura geométrica em duas partes sobreponíveis. Um triângulo retângulo não tem um eixo de simetria. Os triângulos que têm um ou mais eixos de simetria são os triângulos isósceles e os triângulos equiláteros"* para completar o resto das diagonais do lado oposto ao vértice. Existem exatamente 9 segmentos de reta acima do vértice e outros 9 segmentos de reta abaixo do vértice. Obtém-se assim um quadrado com lados de 11 cm. Há 19 diagonais dentro deste quadrado, segundo uma visão global exclusiva desta ordem.

O segmento de reta que passa pelo centro da base do triângulo e que divide a sua altura por dois, será prolongado para formar uma outra 10ª diagonal no centro e será, por sua vez, tomado como eixo de simetria. Deste modo, há um total de 19x4=76 diagonais num quadrado de 11 cm de comprimento.

No que diz respeito à Harpa Sagrada, é obviamente o 8º cordofone que será tomado como eixo de simetria. De facto, existem 7 cordofones acima dele e outros 7 serão adicionados abaixo, pelo que existem 15 cordofones. No entanto, a leitura das diagonais implica quatro possibilidades, pelo que há um total de 15x4=60 diagonais num quadrado de 9 cm ou 9 perfurações. As cordofones da arte sacra são assim o produto de uma visão diagométrica. Vejamos o seguinte quadrado:

Fig: um quadrado ao quadrado

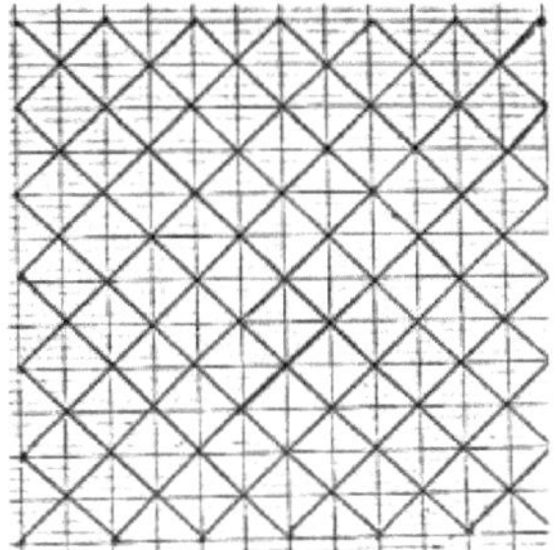

Fonte: N'NANG EBANE Sosthene Tresor

O azulejo acima representa uma reconstrução completa da figura geométrica em que foi intitulada a figura trilateral Ngombi. O comprimento deste azulejo é de 7 cm, o que dá origem a 6 linhas digonais, segundo uma perceção triangular. O número 6 simboliza assim a diagonal principal tomada como eixo de simetria, a partir da qual podemos ver 5 segmentos de reta acima dela e 5 abaixo dela.

O triângulo no instrumento sagrado é, portanto, de facto, uma visão de metade do quadrilátero ilustrado acima, com particular ênfase na diagonal principal como eixo de simetria.

c-) diagonais, eixos de simetria, triângulos e fractais

Tendo descoberto que os cordofones da Harpa Sagrada são, de facto, uma perceção simbólica das diagonais do quadrado, que são 9 perfurações ou 9 cm de comprimento, podemos também ver que têm três funções:

Em primeiro lugar, são <u>as diagonais de</u> um <u>quadrado</u>, uma vez que passam pelos ângulos rectos e se intersectam no seu centro, formando um ângulo reto.

Em segundo lugar, o <u>digonal</u> principal pode ser utilizado para reproduzir uma imagem idêntica à que lhe está associada, no lado oposto da imagem, tomando-o como <u>eixo de</u> simetria.

Em terceiro lugar, os <u>digonais</u> intersectam-se no centro do quadrado, formando <u>triângulos</u> isolados dos lados do referido quadrilátero, sendo o seu vértice comum o ponto de intersecção, ou seja, o centro do quadrado.

Finalmente, a <u>diagonal</u> como base triangular permite também a disposição <u>paralela</u> de outras diagonais secundárias para dar origem a uma construção <u>fractal</u> dentro do <u>triângulo</u>. Daí a expressão triângulo diagométrico fractal.

É importante sublinhar que o triângulo diagonal fractal implica as noções de simetria e de paralelismo, a partir da diagonal principal.

5-) a praça

a-) Comprimento e tripleto diagonal

O quadrado é obtido a partir do triângulo retângulo isósceles com a sua base tomada como eixo de simetria, seguido de uma disposição tripla das diagonais no seu centro.

O quadrilátero revela que o triângulo composto por 8 cordas é, de facto, extraído deste último, cujo comprimento é de 9 perfurações ou centímetros (cm). A oitava (8ª) corda é, de facto, a diagonal principal do referido quadrado. Existem exatamente 7 diagonais secundárias de cada lado da principal, o que dá 7+8+7=22.

O número 787 é conhecido como o tripleto ascensional porque o número no centro é maior do que os outros dois números do mesmo valor em cada lado dele. Trata-se, portanto, de um quadrado inscrito noutro quadrado. T(n)=n+(n+1)+n é igual a T (7)=7+(7+1)+7=7+8+7=22. O tripleto de regressão subtrai o número do meio pelo mesmo valor que os números circundantes. Nota: T(n)=n+1+n é igual a T (7)=7+1+7=15.

Deve assumir-se que há sempre um tripleto enterrado no azulejo, dependendo da disposição fragmentada das diagonais. A tabela de correspondências estáticas é, assim, elaborada da seguinte forma:

Quadrados e triplos numéricos

Figuras geométricas	Carre				
Comprimento do bordo	Diagonal principal	Tripleto de regressão	Números correspondentes	Tripletos de ascensão	Números correspondentes
1	-	-	-	-	-
2	1	0-1-0	1	0-1-0	1
3	2	1-1-1	3	1-2-1	4
4	3	2-1-2	5	2-3-2	7
5	4	3-1-3	7	3-4-3	10
6	5	4-1-4	9	4-5-4	13
7	6	5-1-5	11	5-6-5	16
8	7	6-1-6	13	6-7-6	19
9	8	7-1-7	15	7-8-7	22
10	9	8-1-8	17	8-9-8	25
11	10	9-1-9	19	9-10-9	28
12	11	10-1-10	21	10-11-10	31
13	12	11-1-11	23	11-12-11	34
14	13	12-1-12	25	12-13-12	37
15	14	13-1-13	27	13-14-13	40
16	15	14-1-14	29	14-15-14	43
17	16	15-1-15	31	15-16-15	46
18	17	16-1-16	33	16-17-16	49
19	18	17-1-17	35	17-18-17	52
20	19	18-1-18	37	18-19-18	55
21	20	19-1-19	39	19-20-19	58
22	21	20-1-20	41	20-21-20	61

23	22	21-1-21	43	21-22-21	64
24	23	22-1-22	45	22-23-22	67
25	24	23-1-23	47	23-24-23	70
26	25	24-1-24	49	24-25-24	73
27	26	25-1-25	51	25-26-25	76
28	27	26-1-26	53	26-27-26	79
29	28	27-1-27	55	27-28-27	82
30	29	28-1-28	57	28-29-28	85

Fonte: NNANG EBANE Sosthene Tresor

Esta tabela de dados matemáticos propõe uma correspondência prática entre o comprimento do lado do quadrado e o número de triângulos diagonais que ele contém. Por outras palavras, a capacidade de sobrepor um plano a outro que lhe é semelhante ou idêntico é traduzida em linguagem aritmética.

As formas geométricas contêm informações numéricas indescritíveis, que são perfeitamente transmitidas pelos instrumentos religiosos africanos de cordas dedilhadas. Em conjunto, estes dados definem sempre o volume de um determinado elemento, que pode atingir o seu nível máximo antes de cair. É verdade que a vida é feita de altos e baixos.

Tendo em conta o que precede, é importante compreender que mesmo a linguagem falada, em sentido estrito, é o resultado de propriedades matemáticas, razão pela qual esta ciência é mais frequentemente definida como uma visão do espírito.

Os triplos de ascensão e regressão, embora internos ao arranjo dos cordofones, são coerentes com a evolução crescente e decrescente destes últimos, tal como o toque do tocador de cítara faz com que as cordas se desloquem para cima, mas, uma vez deixadas em repouso, sofrem uma evolução reduzida.

A relação entre os dados externos e internos permite-nos compreender o dinamismo oferecido pelas diagonais. Dado: VE: 4x9=36 e VI: 7+8+7=22, então VE-VI é igual a 36-22=14. O azulejo ao quadrado mostra uma coluna diagonal de 14 azulejos, dos quais o duplo é 28, o triplo 42 e o quádruplo 56.

O número 7 é normalmente distribuído na diagonal nesta sequência. Temos: 7+7 = (2x7) = 14, 7+7+7+7 = (4x7) = 28, 7+7+7+7+7+7 = (6x7) = 42, e 7+7+7+7+7+7+7+7+7+7 = (8x7) = 56.

A fase de maturação da revolução das diagonais, sob uma perceção numérica, concentra-se no centro do quadrilátero. O número 8 simboliza aqui a energia original que dá vida a todo o plano, sempre situado no centro do universo. As linhas paralelas e perpendiculares designam aqui todas as vibrações provenientes da produção desta energia motriz. É uma imagem semelhante à da água a ferver numa panela colocada ao lume, ou à imagem fractal produzida por um seixo atirado a um riacho.

A figura e os seus contornos mostram que a vibração ou o ato vibratório é uma realidade ou um facto fora do plano. A manipulação dos cordofones pelos dedos do

23

harpista ilustra-o perfeitamente.

b-) Comprimento e número de diagonais

O cálculo do número de diagonais de um quadrado, conhecendo o comprimento dos seus lados, é possível graças a um método de cálculo muito especial, denominado cálculo aditivo por grau de estagnação e equiparação numérica, nota (n)stg(n). O objetivo principal do cálculo aditivo e da subtração por ordem de estagnação e equiparação numérica é demonstrar que, apesar da sua diversidade, os algarismos e os números podem ser assimilados para se chegar a um resultado comum. Os números de menor valor são somados, enquanto os de maior valor são subtraídos, para se chegar a um ideal comum. O cálculo aditivo por grau de estagnação e assimilação numérica, notado (n)stg(n), só é possível dentro do quadrado. Os exemplos que se seguem são fornecidos para o ajudar a compreender o que precede:

A equação é :

7Stg (4)=1 2 3 4 5 6 7

= 2+(1+3)+4+(5-1)+(6-2)+(7-3)

= 2+4+4+4+4+4

= 2+(4x5)

=2+(5+5+5+5)

=2+20

7Stg(4) = 22

Lê-se 11 linhas paralelas e fractais superiores (de baixo para cima) mais 11 linhas paralelas e fractais inferiores (de cima para baixo).

8Stg(4)=1 2 3 4 5 6 7 8

=2+(1+3)+4+(5-1) I (6-2) I (7-3) I (8-4)

=2+4+4+4+4+4

=2+(4x6)

=2+(6+6+6+6)

=2+24

8Stg(4)=26

Lê-se 13 linhas paralelas e fractais superiores (de baixo para cima) mais 13 linhas paralelas e fractais inferiores (de cima para baixo).

9stg(4)=1 2 3 4 5 6 7 8 9

= 2+(1+3)+4+(5-1)+(6-2)+(7-3)+(8-4)+(9-5)

=2+4+4+4+4+4+4

=2+(4x7)

=2+(7+7+7+7)

=2+28

9Stg(4)=30

Lê 15 linhas paralelas e fractais superiores (de baixo para cima) mais 15 linhas paralelas e fractais inferiores (de cima para baixo).

O primeiro método de cálculo acima é usado para encontrar o número de rectas paralelas que podem ser traçadas dentro de quadrados cujos lados medem 7cm, 8cm e 9cm, etc., e que podem ser contados de cima para baixo ou de baixo para cima, da direita para a esquerda e da esquerda para a direita. Daí os triplos 7-11-22, 8-13-26 e 9-15-30. O plano é assim dividido em quatro partes iguais pelas diagonais.

O número 2 é sempre isolado do resto do cálculo, de modo a que apenas as ordens binárias de subida e descida num determinado plano sejam tidas em conta.

No entanto, é possível simplificar o método de cálculo anterior, concebendo um outro mais fácil. O cálculo por grau de estagnação consiste em considerar um dado número inteiro natural, ao qual se subtraem duas (2) unidades, multiplicando o novo valor obtido por quatro (4) e adicionando-o depois por (2). A fórmula matemática proposta é: n-2=yx4=x

Nós temos:

7-2=5x4=20+2=22

8-2=6x4=24+2=26

9-2=7x4=28+2=30

10-2=8x4=32+2=34

O quadro seguinte dá uma visão geral desta configuração matemática:

Avaliar os números no quadro e o cálculo aditivo e subtrativo por ordem de estagnação e assimilação numérica

Figuras geométricas	Carre					
Números	Valor interno 1(VI1)	Valor interno 2 (VI2)	Número de linhas unitárias	Número de linhas binárias	Estagnação	Dupla estagnação
1	-	-	-	-	-	-
2	1	-	1	2	-	-
3	1	2	3	6	2	4
4	2	3	5	10	4	8
5	3	4	7	14	6	12
6	4	5	9	18	8	16
7	5	6	11	22	10	20
8	6	7	13	26	12	24
9	7	8	15	30	14	28
10	8	9	17	34	16	32
11	9	10	19	38	18	36
12	10	11	21	42	20	40
13	11	12	23	46	22	44
14	12	13	25	50	26	52
15	13	14	27	54	28	56
16	14	15	29	58	30	60
17	15	16	31	62	32	64

18	16	17	33	66	34	68
19	17	18	35	70	36	72
20	18	19	37	74	38	76
21	19	20	39	78	40	80
22	20	21	41	82	42	84
23	21	22	43	86	44	88
24	22	23	45	90	46	92
25	23	24	47	94	48	96
26	24	25	49	98	50	100
27	25	26	51	102	52	104
28	26	27	53	106	54	108
29	27	28	55	110	56	112
30	28	29	57	114	58	116

Fonte: NNANG EBANE Sosthene Tresor

Se olharmos com atenção para esta tabela, verificamos que o quadrado, cujos lados têm 9 cm de comprimento, tem exatamente 30 diagonais paralelas. O tripleto numérico correspondente é 717 ou 7+1+7=15, pelo que o número 30 designa também a leitura superior e a leitura inferior, segundo uma perceção ascendente e descendente das diagonais num plano.

Nesta configuração, a matemática traz à tona a ideia de que a resolução de um problema social envolve a redução dos egos de cada indivíduo a uma única esfera de pensamento. Por outras palavras, a contribuição de cada indivíduo conta para a resolução do problema. Um problema político não deve necessariamente ser resolvido apenas por homens desse meio. Na Antiguidade, a busca do conhecimento levou os governantes a rodearem-se de pessoas com capacidades excepcionais, que pudessem contribuir para a resolução dos problemas da sociedade para o bem de todos. Não se tratava apenas de pessoas com formação académica, mas também de conhecimentos não igualitários, como o dom da clarividência, a capacidade de ler o tempo e muito mais. A hierarquização da sociedade não é uma lei inflexível, quando a busca do conhecimento relativo à verdadeira resolução de uma preocupação tão abrangente é um ideal tão desejado. Tudo indica que a multiplicidade é apenas uma aparência, mas que a unidade é o foco luminoso da multiplicidade. A passagem da multiplicidade à unidade, ou da unidade à multiplicidade, oferece uma perceção visual da dimensão mais pequena à maior, e vice-versa. Os cordofones do instrumento espiritual africano Ngombi são efetivamente apertados em ordem ascendente e descendente, consoante a observação começa em cima ou em baixo. É preciso compreender que uma determinada figura ou número é necessariamente o resultado da unidade de duas ou mais figuras ou números. Um elemento dado permanece necessariamente ligado a um grupo, apesar das suas inúmeras realizações. Pois os elementos universais evoluem todos num espaço bem definido e funcionam segundo um dinamismo particular. Assim, a autodeterminação é uma questão emergente da pura imaginação do entendimento humano. O universo é constituído por elementos simultaneamente fragmentados (cabaças diferentes) e condensados (cabaças idênticas). Esta unidade não é nem mais nem menos do que o regresso desses mesmos elementos ao início, pelo que temos de admitir que o universo sabe cuidar de si próprio; é uma máquina capaz de se libertar das impurezas através do seu funcionamento. É nesta perspetiva que a matemática se define como uma visão do espírito centrada na questão candente do ser pelo ser e para o ser, remetendo a resposta para a génese da sua criação. Esta ciência foi, sem dúvida, desenvolvida não para deformar o universo, mas para o compreender segundo um princípio fundamental de respeito rigoroso pelos seres da natureza. É a reconciliação do homem com as suas origens ancestrais que se exprime através desta ciência, que se relaciona com a unidade dos cordofones e das figuras geométricas. O homem continua a ser o objeto central das suas próprias ciências, cópia do universo e também vivendo nele. O homem tenta compreender-se a si próprio através das ciências. Não aprendemos para ter sucesso, mas para nos compreendermos a nós próprios, porque o sucesso não é algo que pertence ao homem, mas sim ao seu criador. A humanidade permanece numa viagem constante em direção a um ideal comum: nascer, crescer, envelhecer e morrer conduzem a um determinado destino. Tal como as conclusões de uma análise podem servir de novos objectos de estudo para outros investigadores, também a morte pode ser a continuação da vida, o que até é lógico, tanto mais que a marcha nunca acaba. A humanidade está sujeita ao culto da auto-preservação em todos os domínios. Cada nova ideia que se apresenta para o bem de uma empresa não é nova, porque já está concebida para ser conhecida e explorada segundo a grelha de leitura própria do fruto da paciência, e não a fórceps. Assim, é preciso compreender que o mundo das inteligências existe, muito para além do mundo humano. É a viagem ao coração da alma que abre as portas desse destino misterioso.

c-) estagnação diagométrica

Quando um quadrado é atravessado de ambos os lados por linhas rectas paralelas às suas diagonais, há uma estagnação unitária e dupla dos quadrados nas diagonais. Por outras palavras, para cada número tomado para o comprimento dos lados do quadrado, há uma estagnação diagonal correspondente de acordo com um valor numérico preciso.

Olhando para a mesma tabela estatística de dados matemáticos abaixo, devemos naturalmente considerar nem mais nem menos do que as duas últimas colunas da direita, marcadas como estagnação e dupla estagnação. Se olharmos para os números 7, 8 e 9 como exemplos, podemos ver a seguinte correspondência:

Nós temos:

7-10-20-30-40

8-12-24-36-48

9-14-28-42-56

O quadrado de 7 cm está estagnado em unidades diagonais de 10, unidades binárias de 20, unidades trinitárias de 30 e unidades quádruplas de 40.

O quadrado de 8 cm está estagnado na diagonal unitária de 12, na binária de 24, na trinitária de 36 e na quádrupla de 48.

O quadrado de 9 cm está estagnado com uma diagonal unitária de 14, uma diagonal binária de 28, uma diagonal trinitária de 42 e uma diagonal quádrupla de 56.

O quadro que resume os dados matemáticos sobre o azulejo fornece uma visão geral do que precede:

A evolução dos cordões dentro da moldura

Figuras geométricas	Carre					
Números	Valor interno 1(VI1)	Valor interno 2 (VI2)	Número de linhas unitárias	Número de linhas binárias	Estagnação	Dupla estagnação
1	-	-	-	-	-	-
2	1	-	1	2	-	-
3	1	2	3	6	2	4
4	2	3	5	10	4	8
5	3	4	7	14	6	12
6	4	5	9	18	8	16
7	5	6	11	22	10	20
8	6	7	13	26	12	24
9	7	8	15	30	14	28
10	8	9	17	34	16	32
11	9	10	19	38	18	36
12	10	11	21	42	20	40
13	11	12	23	46	22	44
14	12	13	25	50	26	52
15	13	14	27	54	28	56
16	14	15	29	58	30	60
17	15	16	31	62	32	64
18	16	17	33	66	34	68
19	17	18	35	70	36	72
20	18	19	37	74	38	76
21	19	20	39	78	40	80
22	20	21	41	82	42	84
23	21	22	43	86	44	88
24	22	23	45	90	46	92
25	23	24	47	94	48	96
26	24	25	49	98	50	100
27	25	26	51	102	52	104
28	26	27	53	106	54	108
29	27	28	55	110	56	112

Fontes: N'NANG EBANE Sosthene Tresor

A tabela acima dá uma visão prática de cada algarismo e número tomado para o comprimento do lado do quadrado, os seus valores internos VI1 e VI2, e a sua estagnação nas diagonais unitárias e binárias. Oferece uma visão numérica do quadrado, de acordo com a configuração dos instrumentos musicais de cordas dedilhadas. As formas geométricas são expressões gráficas de dados aritméticos, tal como a álgebra é apenas uma expressão aritmética de formas geométricas. A partir deste ponto, os instrumentos musicais são, portanto, compilações de formas geométricas e dados algébricos sob a forma de escultura.

O cálculo aditivo por grau de estagnação e assimilação numérica apresenta apenas o resultado do número de diagonais paralelas à diagonal central de cada lado, sem no entanto demonstrar a unidade dos valores internos VI1 e VI2.

No entanto, é óbvio observar que a estagnação diagonal de cada chifife e número é revelada nesta fórmula matemática. Basta excluir o chifife 2 e considerar apenas a multiplicação dos valores.

Exemplo 1:

7Stg (4)=1 2 3 4 5 6 7

= 2+(1+3)+4+(5-1)+(6-2)+(7-3)

= 2+4+4+4+4+4

= 2+(4x5)

=2+(5+5+5+5)

=2+20

7Stg(4) = 22

Equivalente a :

7Stg (4)=1 2 3 4 5 6 7

= (1+3)+4+(5-1)+(6-2)+(7-3)

= 4+4+4+4+4

= (4x5)

=(5+5+5+5)

=20

7Stg(4) = 20

Exemplo 2:

8Stg(4)=1 2 3 4 5 6 7 8

=2+(1+3)+4+(5-1)+(6-2)+(7-3)+(8-4)

=2+4+4+4+4+4+4

=2+(4x6)

=2+(6+6+6+6)

=2+24

8Stg(4)=26

Equivalente a :

8Stg (4)=1 2 3 4 5 6 7 8

= (1+3)+4+(5-1)+(6-2)+(7-3)+(8-6)
=4+4+4+4+4+4
= (4x6)
=24
8Stg(4) = 24
Exemplo 3:
9stg(4)=1 2 3 4 5 6 7 8 9
= 2+(1+3)+4+(5-1)+(6-2)+(7-3)+(8-4)+(9-5)
=2+4+4+4+4+4+4
=2+(4x7)
=2+(7+7+7+7)
=2+28
9Stg(4)=30
Equivalente a :
7Stg (4)=1 2 3 4 5 6 7 8 9
= 2+(1+3)+4+(5-1)+(6-2)+(7-3)+(8-6)+(9-7)
= 4+4+4+4+4+4+4
= (4x7)
=28
9Stg(4) = 28
O triângulo constituído por 8 cordofones provém de um quadrado de 9 cm de comprimento cujas diagonais estagnam num valor binário de 28. Os números 8 e 7 designam os valores ondulatórios que evoluem no interior deste quadrilátero. Note-se que o tripleto 888 e o tripleto 789 remetem ambos para o número 24. O primeiro tripleto é um aperto diagonal do triângulo, enquanto o segundo se refere ao comprimento e às duas formas de onda internas. Neste caso, o número 888 é descrito como um tripleto idêntico ou homogéneo, enquanto o número 789 é diferente. Tudo parece indicar que ao número 9, que é um componente supremo do tripleto diferencial, é retirada uma unidade para o adicionar ao componente de menor valor (7), de modo a obter o tripleto homogéneo ou triangular e diagonal.

d-) diagonais e vértices triangulares

Tendo em conta o que precede, o estudo incide progressivamente sobre a função múltipla das diagonais no interior do quadrado. A disposição diagonal do triângulo no interior do quadrado é obviamente acompanhada de duas imagens muito específicas: o triângulo aparece com e sem vértice. É o caso, nomeadamente, dos valores de onda VI1 e VI2, que se podem ver no interior do quadrado. É natural propor uma perceção imagética do que precede:

-triângulo e vértice plano (-)

A exclusão das diagonais dentro do quadrado, que está cheio de muitos segmentos de reta paralelos, leva ao aparecimento de triângulos com vértices planos. A ideia por detrás desta construção geométrica é que existe um ponto de ascensão e de regressão, sem possibilidade de estagnação. Basta percebermos que estamos a analisar uma figura trilateral, que também é acompanhada por uma lógica simples de tripleto: subida, estagnação, regressão. Vejamos agora o quadrado seguinte:

Fig: o quadrado com 9 perfurações/cm

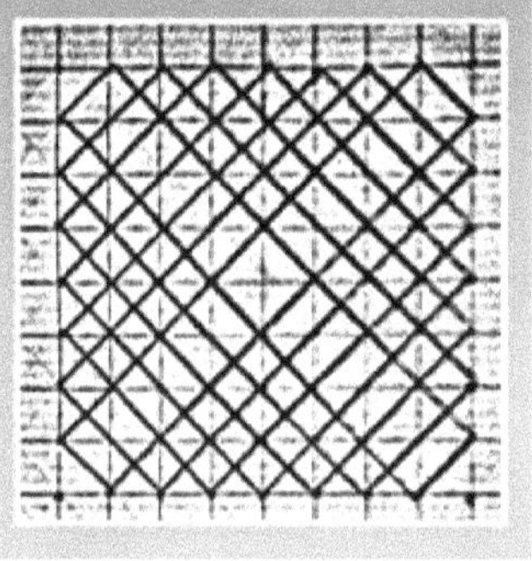

Fonte: NNANG EBANE Sosthene Tresor

O quadrado de 9 cm acima é utilizado como ilustração. Se excluirmos as diagonais relativas ao número 8, verificamos que restam apenas 7 segmentos de reta, dispostos em quatro planos semelhantes. A sétima (7) diagonal forma agora a base dos vários triângulos com vértices planos. O resultado são quatro (4) triângulos com o número 777.

Podemos ver que os lados do triângulo têm o mesmo comprimento 7 contra 7, mas que a base é o dobro de 14. Trata-se, portanto, de um triângulo isósceles. Seja b(base)=c(lados) x c(lados).

O triângulo apresentado acima é apenas uma correspondência numérica linear, sem um valor diferente de 0 a ocupar o seu vértice. Do exposto, podemos deduzir que, consoante a configuração dos algarismos triangulares, a figura tem um vértice plano ou oco. Tendo em conta esta particularidade, o meio do triângulo pode ser utilizado para regar a água da chuva ou para canalizar a energia solar, de modo a captá-la para fins científicos.

É bem possível que a anatomia humana encontre também um eco particular nesta figura geométrica, como símbolo do sexo feminino capaz de receber o sémen do homem para depois dar à luz uma criança. Este tipo de triângulo corresponderia perfeitamente ao almofariz da cultura africana, no qual os alimentos são processados, permitindo a sua transformação de uma forma fragmentada para uma forma condensada.

^Πtriângulo com topo pontiagudo ( )

Foi demonstrado acima que o símbolo numérico da diagonal principal é menos de uma unidade mais curto do que o comprimento unitário do quadrado. A dança parece continuar com o triângulo a aparecer com e sem vértice. Vejamos o quadrado acima:

Fig: um quadrado ao quadrado

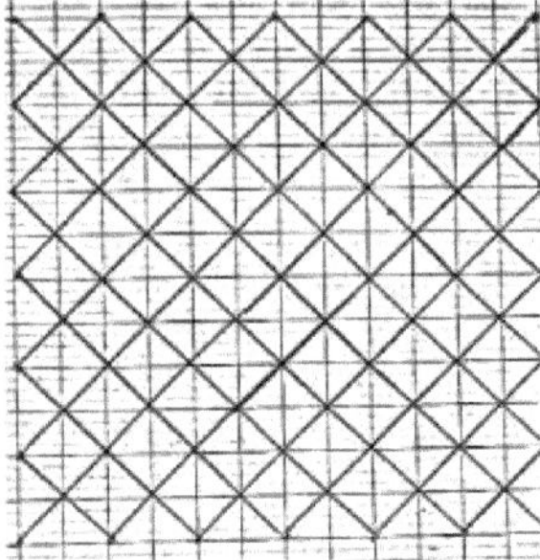

O quadrilátero aqui representado tem 7 cm de comprimento. No entanto, a base triangular revela dois lados que têm 7 cm de comprimento, mas cuja base mede 13 cm. Vê-se que o número 7 é o centro do eixo da base e, portanto, o número 13.

Podemos ver que a presença de diagonais num quadrado é acompanhada de vértices triangulares, determinando o comprimento do lado como o centro simétrico do meio da sua base. A base do triângulo contido neste quadrado de 7 cm de comprimento tem o tripleto numérico 7+1+7=13.

Quando se acrescenta um número ao vértice do triângulo, os comprimentos dos lados aumentam. O vértice passa a ter um ponto, o que o diferencia do primeiro. Neste sentido, o triângulo pode ser utilizado como símbolo da Masculinidade. Deste modo, pode ser comparado ao pilão utilizado para triturar os alimentos num almofariz.

Os dois tipos de triângulo descrevem, portanto, um único elemento capaz de assumir uma forma contundente num momento, antes de assumir uma forma plana no momento seguinte. Não se diz que tudo o que pode ficar de pé acaba sempre por se desmoronar? No entanto, estamos perante a ação habitual do nascer e do pôr do sol. É um céu único com tantas variações de luz. As formas geométricas dão uma imagem que pode ser transposta para o quotidiano. No entanto, tanto os triângulos como os cordofones cumprem a mesma função de ascensão e regressão.

e-) diagonais e retângulo

A extração das diagonais do quadrado revela a presença de um outro quadrilátero no seu interior. Descobrimos que não é apenas um outro quadrado que se inscreve no interior do quadrado através da perceção tripla das diagonais, menos ainda das figuras trilaterais, mas também dos rectângulos. Para isso, sugerimos examinar o quadrado abaixo:

Fig: o quadrado com 9 perfurações/cm

A exclusão das diagonais resulta na formação de rectângulos à volta do quadrado central de cada lado. Na figura geométrica acima, há exatamente doze (12) rectângulos em filas de seis (6) blocos. As diagonais lineares foram retiradas, mas o quadrado e os seus rectângulos continuam a seguir a sua forma. Podemos ver mais uma vez que o retângulo é a soma de dois quadrados, extraindo as diagonais da figura em análise.

A triplicidade não é apenas relativa aos três (3) lados do triângulo, mas também à unidade do retângulo com o quadrado, remetendo para uma perceção tripla do segundo quadrilátero. De acordo com uma perceção geral, o quadrado, o retângulo e o triângulo estão todos inscritos num quadrado de base. Desta forma, o número cinco (5) revela-se como um símbolo numérico para a compilação de figuras geométricas.

A natureza multifuncional das diagonais é simplesmente impressionante: as digonais de um quadrado, a base de um triângulo, o eixo de simetria, os lados iguais de um triângulo isósceles, rectas paralelas, rectas perpendiculares, etc.

F-) valores do quadrado e do triângulo

Observou-se que o quadrado e o triângulo constituem a maior parte da pirâmide, pelo que nos ocorreu querer descobrir o valor numérico de cada um. Calculando o número de quadrados que cada triângulo compõe dentro do quadrado. Temos de perceber que os triângulos se elevam acima do quadrilátero para lhe dar altura, mas que cada triângulo tem o mesmo número de quadrados. Para isso, considera-se o comprimento do lado do quadrado, subtraindo primeiro uma unidade e depois duas unidades. Multiplicam-se estes diferentes valores e multiplica-se o conjunto por dois. NC=[(Vn-1) x (Vn-2)]x2.

Considere o azulejo abaixo. A primeira coluna de azulejos no plano vertical é duas vezes menor que o comprimento do lado do azulejo, pelo que VI1=Vn-2. Por outro lado, a segunda coluna contém um número de azulejos que é um a menos que o comprimento do azulejo. VI2=Vn-1. O comprimento do azulejo é de 7 pontos, digamos 7cm, a primeira coluna contém 5 azulejos, a segunda contém 6 azulejos. O número total de quadrados é obtido através da fórmula: NC=[(Vn-1)x(Vn-2)] x2 igual a [(7-2)x(7- 1)]x2=(5x6)x2=30x2=60

Fig: um quadrado ao quadrado

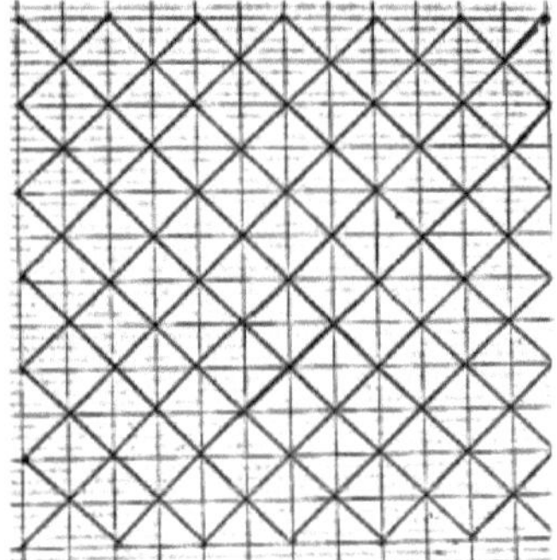

Se olhar com atenção para o azulejo acima, pode ver que as diagonais se intersectam no meio, formando quatro triângulos de cada lado. [xxxxxx]Para determinar o número de peças em cada triângulo, divida o resultado da fórmula NC=[(Vn-1)x(Vn-2)] 2 igual a [(7-2) (7- 1)] 2=(5 6) 2=30 2=60, por 4. Então T=NC/4=60/4=15. Se o azulejo tem 7 pontos como comprimento dos lados, então os triângulos são constituídos por 15 azulejos.

Para 8 como comprimento da aresta, temos T (7 6) 2 42 2 82:4 21

Para 9 como comprimento da aresta, temos: T (8 7) 2 56 2 112:4 28

Para 10 como comprimento da aresta, temos: T (8 9) 2 72 2 144:4 36

O quadro recapitulativo que se segue ilustra-o perfeitamente:

A evolução dos cordões dentro da moldura

Figuras geométricas	Carre					Triângulo
Números	Valor interno 1 (VI1) n-2	Valor interno 2 (VI2) n-1	VI1+VI2	VI1XVI2	Multiplicação por 2	Divisão par 4
1	-	-			-	-
2	0	1	1	1	2	0,5
3	1	2	3	2	4	1
4	2	3	5	6	12	3
5	3	4	7	12	24	6
6	4	5	9	20	40	10
7	5	6	11	30	60	15
8	6	7	13	42	84	21
9	7	8	15	56	112	28
10	8	9	17	72	142	35,5
11	9	10	19	90	180	45
12	10	11	21	110	220	55
13	11	12	23	132	264	66
14	12	13	25	156	312	78

15	13	14	27	182	364	91
16	14	15	29	210	420	105
17	15	16	31	240	480	120
18	16	17	33	272	544	136
19	17	18	35	306	612	153
20	18	19	37	342	684	172
21	19	20	39	380	760	190
22	20	21	41	420	840	210
23	21	22	43	462	924	231
24	22	23	45	506	1012	253
25	23	24	47	552	1104	276
26	24	25	49	600	1200	300
27	25	26	51	650	1300	325
28	26	27	53	702	1404	351
29	27	28	55	756	1512	378

Fontes: N'NANG EBANE Sosthene Tresor

A tabela mostra a transição de quadrado para triângulo de acordo com valores específicos para o número de quadrados. A coluna de dados multiplicada por 2 refere-se ao número total de quadrados que formam os triângulos de um quadrado com o comprimento correspondente. A coluna de dados logo abaixo da divisão por 4 indica o valor exato de um único triângulo.

g-) Configuração tripartida Ngoma

Baseando sempre a análise na evolução das diagonais no interior do quadrado, já não devemos interessar-nos pela subida e pela regressão em conjunto, mas sim por uma parte do plano. Ao tomar a diagonal como eixo de simetria, o triângulo retângulo isósceles deu lugar a um quadrado. É necessário adaptar o cálculo aditivo por grau de estagnação e assimilação numérica ao triângulo, de acordo com a configuração do triângulo da Harpa Sagrada que compreende: as perfurações superiores, as cordas do centro e as perfurações inferiores.

A fórmula matemática correspondente é simplificada da seguinte forma: subtrai-se uma unidade (1) a um dado algarismo ou a um número natural inteiro, multiplica-se o novo valor obtido por três (3) e obtém-se a sua distribuição tripartida em todo o semiplano.

Nós colocamo-nos:

7-1=6x3=18

(6 pessoas sup-6 cordofones-6 pessoas inf)

8-1=7x3=21

(7 sup-7 cordofones-7 inf)

9-1=8x3=24

(8 pessoas sup-8 cordofones-8 pessoas inf)

10-1=9x3=27

(9 sup-9 cordofones-9 inf)

Se considerarmos os diferentes resultados obtidos, podemos ver que o Ngombi com 8 cordofones é extraído do quadrado com 9 cm de lado, porque tem 8 perfurações superiores, 8 cordofones e 8 perfurações inferiores, ou seja, 3x8=24.

No entanto, convém lembrar que o número de vícios utilizados para afinar os cordofones é exatamente o mesmo que o número de perfurações e cordas. Assim, basta substituir o número 3 pelo número 4.

Teremos:

7-1=6x4=24

(6 peris superiores - 6 cordofones - 6 peris inferiores e 6 vícios)

8-1=7x4=28

(7 maiores - 7 cordofones - 7 menores e 7 vice)

9-1=8x4=32

(8 sup-8 cordofones-8 inf e 8 vices)

10-1=9x4=36

(9 sup-9 cordofones-9 inf e 9 vícios)

Tendo em conta o que precede, o triângulo e o quadrado combinam-se através dos cordofones, perfurações e vícios do Ngombi.

Por extensão, o cálculo aditivo por grau de estagnação e assimilação numérica é efetivamente coerente com o que precede. Basta efetuar algumas modificações nas condensações para fazer aparecer a tabela de multiplicação por 4.

Nós colocamo-nos:

7stg(4)=1 2 3 4 5 6 7

= (1 +3)+(2+2)+(3+1)+4+(5-1)+(6-2)+(7-3)

=4+4+4+4+4+4

=4x7

=28

7Stg(4)=28

8stg(4)=1 2 3 4 5 6 7 8

= (1 +3)+(2+2)+(3+1)+4+(5 -1)+(6-2)+(7-3)+(8-4)

=4+4+4+4+4+4+4

=4x8

=32

8Stg(4)=32

9stg(4)=1 2 3 4 5 6 7 8 9

= (1+3)+(2+2)+(3+1)+4+(5-1)+(6-2)+(7-3)+(8-4)+(9-5)

=4+4+4+4+4+4+4+4

=4x9

9Stg(4)=36

É preciso ter em conta que os resultados deste método de cálculo variam consoante a configuração em que os seus componentes estão organizados. A matemática não é uma ciência exacta no sentido estrito do termo, porque depende de configurações particulares. Parece que foi desenvolvida para compreender o funcionamento do tempo, pelo que o carácter imprevisível da natureza faz com que obtenhamos resultados que não são sempre os mesmos.

Na realidade, as tabuadas permitem-nos estagnar ou fixar um número específico, mas, para além disso, os números que se seguem são apenas negativos. Tudo faz lembrar a passagem do vértice de um triângulo para a sua base. Sugerem uma perceção uniforme dos elementos do universo. Tudo se passa como se o número estagnado ocupasse o valor 0 em relação ao seu vetor de estagnação.

Exemplo 1:

7Stg(6)=1 2 3 4 5 6 7

$= (1+5)+(2+4)+(3+3)+(4+2)+(5+1)+6+(7-1)$

$= 6+6+6+6+6+6+6$

$= 6x7$

$=42$

7Stg(6) = 42

7Stg (5)=1 2 3 4 5 6 7

$= (1 +4)+(2+3)+(3+2)+(4+1)+5+(6-1)+(7-2)$

$= 5+5+5+5+5+5+5$

$= 5x7$

$=35$

7Stg(5) = 35

Exemplo 2:

8Stg (7)=1 2 3 4 5 6 7 8

$= (1 +6)+(2+5)+(3+4)+(4+3)+(5+2)+(6+1)+7+(8-1)$

$= 7+7+7+7+7+7+7+7$

$= (7x8)$

$=56$

8Stg(7) = 56

8Stg (6)=1 2 3 4 5 6 7+8

$= (1 +5)+(2+4)+(3+2)+(4+2)+(5+1)+6+(7-1)+(8-2)$

$= 6+6+6+6+6+6+6+6$

$= (6x8)$

$=48$

8Stg(6) = 48

Exemplo 3:

9Stg (8)=1 2 3 4 5 6 7 8 9

$= (1+7)+(2+6)+(3+5)+(4+4)+(5+3)+(6+2)+(7+1)+8+(9-1)$

$= 8+8+8+8+8+8+8+8+8$

$= (8x9)$

$=72$

9Stg(8) = 72

Ou

9Stg (7)=1 2 3 4 5 6 7 8 9

= (1+6)+(2+5)+(3+4)+(4+3)+(5+2)+(6+1)+(7-0)+(8-1)+(9-2)

= 7+7+7+7+7+7+7+7+7

= (7x9)

=63

9Stg(7) = 63

Exame do condensador digital

Exemplo 1

1 2 3 4 5 6 7 (vetor de estagnação 7)

5 4 3 2 1 0 -1 (diminuição em -1)

6 6 6 6 6 6 6 6 (em estagnação)

Exemplo 2

1 2 3 4 5 6 7 8 (vetor de estagnação 8)

4 3 2 1 0 -1 -2 -3 (diminuição em -3)

5 5 5 5 5 5 5 5 5 (figura 5 estagnada)

Exemplo 3:

1 2 3 4 5 6 7 8 9 (vetor de estagnação 9)

6 5 4 3 2 1 0 -1-2 (diminuição em -2)

7 7 7 7 7 7 7 7 7 7 (Número 7 estagnado)

As diferentes linhas de cálculo mostram que existem três tipos de evolução: crescimento, regressão e estagnação. No entanto, estes três (3) tipos de evolução estão presentes no triângulo e no quadrado. A introdução de cordofones nas formas geométricas revela lições existenciais. As diagonais paralelas à principal representam tanto a regressão como a ascensão, enquanto a diagonal principal define a estagnação ou a maturação. Trata-se de uma energia de caule que emite os seus feixes de luz de um lado e do outro do local onde irradia. Em termos simples, o ser humano retirou o seu conhecimento de uma inteligência mais antiga do que o seu aparecimento no mundo.

h-) visão piramidal e fractal de Ngombi

Depois de uma longa apresentação dos diferentes contornos matemáticos desta arte sagrada ancestral, é tempo de apresentar a sua visão piramidal e fractal. Sabendo que o comprimento do quadrado é de 9 perfurações, veremos que dentro dele evoluem 8 quadrados em postura fractal, excluindo mais uma vez as diagonais. A ilustração que se segue é uma clara ilustração do que foi dito acima:

Fig: a pirâmide fractal

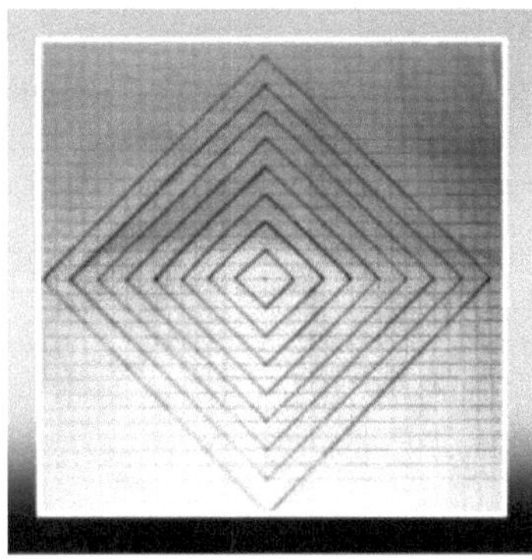

A imagem resultante é uma pirâmide absolutamente sublime. A figura geométrica é assim vista do céu, e tem na realidade 8 quadrados fractais. É assim que se obtém uma visão supostamente completa do instrumento tradicional Ngombi. A observação da visão matemática da Harpa Sagrada termina assim no coração da pirâmide. Assim, a memória civilizacional relaciona-se com uma pirâmide equipada com um sistema de som. Qual é então o objetivo de associar a forma geométrica ao eco? Não podemos ver nela o ruído que emana do jato do Nilo no coração do Mediterrâneo?

i-) imagem da Harpa Sagrada nos frescos egípcios

Depois de nos termos debruçado sobre a arte sacra através de uma análise estritamente matemática, que conduziu à descoberta da pirâmide como uma figura geométrica completa baseada na sua perceção triangular, passamos agora à sua imagem prática nos frescos egípcios. A fotografia que se segue ilustra sem sombra de dúvida o que acaba de ser dito:

Fonte: desconhecida

A fotografia mostra os hieróglifos e a Harpa Sagrada segurada por um indivíduo no centro, entre duas outras figuras, uma sentada à sua frente e a outra logo atrás. A disposição dos indivíduos nos frescos está sempre relacionada com a noção de triplicidade, que parece ter sido considerada uma postura altamente sagrada.

A arte sacra diz respeito não só à expressão da espiritualidade segundo códigos matemáticos, mas também à incorporação nela da região de origem do seu povo proprietário. É, de facto, nesta perspetiva que a arte se define como a escrita do decurso de uma determinada história captada pelo olhar do observador num suporte durável, papal e facilmente transportável, a fim de a comunicar às gerações futuras. A incorporação do eco na forma sólida que é a pirâmide só pode estar relacionada com o invisível que dá origem ao objeto físico através da vibração, sendo que o jato do Nilo no Mediterrâneo e a pirâmide são expressões práticas do pensamento teológico. A preservação incondicional da memória de um povo pode ser resumida na arte da sobrevivência. Deste ponto de vista, o instrumento sagrado parece definir-se como uma marca de identidade, mas o que dizer do Mvet Ekang?

II-) MVET EKANG

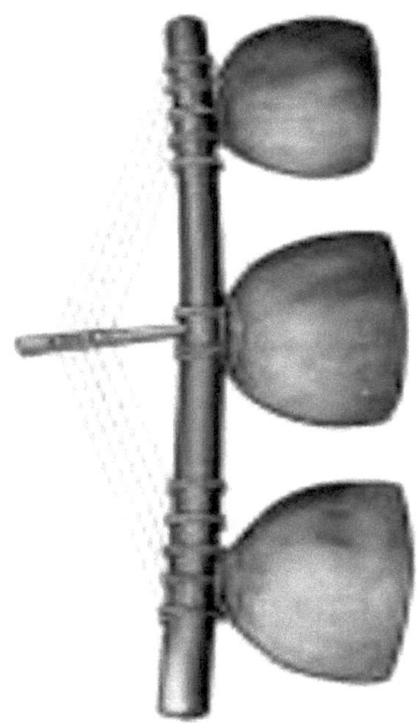

https://www.Fr.m.wikipedia.org/wiki/Mvett-Ekang
o nosso falecido
político
gabonês
, homem de cultura
e músico,
ZENG EBOME PIERRE CLAVER
(O filósofo Fang)
((19/09/1953)-(19/05/2022))
1-) expressão da quantidade
a-) o qualificativo Mvet

Mvet Ekang, como qualificativo ou substantivo, refere-se à expressão de grandeza, mas que exige um grande esforço pessoal. É uma visão próxima dos sonhos que desejamos realizar enquanto seres humanos, embora conscientes do facto de que teremos de mover o céu e a terra para lá chegar. A visão teológica africana, sabendo que as intenções do homem são viciadas sem o recurso ao mundo espiritual, a partir do qual se impõe a destruição da matéria:

"Diz-se que Mvett vem do verbo "a vet", que significa "esticar" ou "s^lever". Trata-se principalmente de um ëK'yaІІon espiritual individual ou coletivo."

À primeira vista, o verbo "esticar" transmite a imagem de uma pessoa numa postura que lhe confere uma altura superior à descrita como normal. Implica duas linhas de fronteira respectivas, a linha de partida e a linha de chegada. A humanidade está naturalmente erecta a uma certa altura, pelo que o alongamento lhe confere uma altura suprema. Estamos, portanto, a falar de um único indivíduo capaz de viver dois períodos evolutivos. A ascensão será considerada como a altura suprema, enquanto a regressão é relativa à sua altura normal. O Mvet refere-se, portanto, exclusivamente à expressão da altura.

O segundo ponto de vista centra-se no conhecimento manifesto da Humanidade, constituído pelo corpo e pelo espírito, sublinhando o facto de este ser o produto do invisível. Este mundo superior deve ser visitado para melhor dominar a matéria em que o nosso espírito evolui. Literalmente, Mvet incita o espírito a sair do corpo de vez em quando para se reencontrar com o seu universo essencial. Trata-se de uma visão mais do que evidente do corpo humano como veículo de transporte do espírito, o primeiro com um percurso limitado, enquanto o outro parte numa corrida infinita. Um único elemento que sofre duas evoluções opostas. A humanidade é, de facto, uma divindade que deve sempre ligar-se ao universo invisível, para não perder o seu estatuto de tal.

b) morfologia

A memória civilizacional relaciona-se não só com a ideia de grandeza na etimologia do nome, mas também com a sua morfologia. De facto, o instrumento revela uma espinha dorsal montanhosa através do triângulo que o compõe. Os cordofones que lhe estão acoplados oferecem a possibilidade de ascensão e regressão. É de salientar que, embora a montanha seja um elemento terrestre, a sua verticalidade une a terra ao céu. Além disso, atingir o seu cume proporciona uma visão soberana sobre toda a superfície da terra, o que faz com que o sujeito exprima a ideia de supremacia. O olho, enquanto órgão do corpo humano, revela-se, em última análise, como uma janela para a memória. A memória é naturalmente e justamente a palavra final da história, trazida à tona por esta joia ancestral. A memória dos que a conquistaram, a memória da grandeza a que se destina, a memória da vida após a morte, a memória da sua terra natal, e muito mais. A imagem da montanha utilizada para compreender o Mvett apela ao nosso conhecimento dos elementos da natureza que podem ser utilizados como símbolos de poder, através da memória. A memória, ou a recordação, permanece congelada quando a sua existência é desconhecida, mas o seu conhecimento leva o explorador a evoluir com os tempos à medida que os descobre. O encontro com uma memória é uma história que nunca nos deixa, na medida em que podemos sempre entrar e sair dela ao mesmo tempo, sem nunca sermos os mesmos. Mvet é um exorcismo permanente da falta de jeito supérflua do pensamento humano.

c-) verticalidade dos componentes

Os componentes da joia ancestral estão todos relacionados com os elementos da natureza, mais especificamente com a floresta. A floresta é uma caixa de ferramentas para o povo Fang em particular, e para todos os outros povos em geral.

A memória acima evocada impõe-se de facto no respeito incondicional por este meio vivo e pelo seu saber infuso, como testemunham as componentes da arte sacra:

"O instrumento é composto por seis partes principais: 'uma vara de bambu seco'; 'cordas sonoras'; 'anéis de fio de vime'; 'cabaças' e 'um cordão' que é presoë ambas as extremidades à vara de bambu e permite que o instrumento seja facilmente transportado como uma funda."

É importante sublinhar, de passagem, que uma das características comuns a todas as florestas é a verticalidade das árvores. Isto concilia o paralelismo prático que existe entre o céu, por um lado, e a terra, por outro, dando origem a duas rectas perpendiculares paralelas, com uma outra conhecida como vertical. Do mesmo modo, os constituintes são todos relativos a esta visão esquemática da unidade dos opostos, pois pertencem a espécies vegetais que tendem para o céu. A verticalidade exprime a vida baseada numa troca de energias opostas, sob a adaptabilidade permanente destas últimas a um meio vital que lhes é destinado. A transformação da matéria em espírito ou do espírito em matéria dá-se verticalmente. A posição zenital do sol pode, de facto, ser vista como uma abertura vertical do céu à terra, segundo a visão de uma certa ciência muito avançada. A ideia que se pode acrescentar a esta é a de que a humanidade permanece numa viagem constante ao longo de um caminho que foi traçado muito antes da sua existência, através das suas múltiplas dimensões. A verticalidade evoca, por si só, a orientação do espírito humano para o alto céu, sob a direção de uma força espiritual inebriante à qual não pode deixar de se entregar. É o regresso incondicional da alma humana ao seu universo de essência.

2-) A natureza da figura trilateral

a-) o triângulo equilátero

A observação feita sobre a arte sacra baseia-se principalmente na figura trilateral, que é uma das suas características mais marcantes à primeira vista. Um olhar mais atento sobre a arte sacra da capa revela que os cordofones estão presos ao ramo horizontal e, ao mesmo tempo, atravessam o cavalete, formando um triângulo. Para determinar a natureza da figura trilateral, vale a pena assinalar que as perfurações de cada lado do cavalete (no qual os cordofones são fixados) e as do cavalete são exatamente do mesmo número. Em termos simples, se contarmos 5 perfurações à esquerda da ponte, contamos exatamente 5 perfurações à direita da ponte e outras 5 perfurações na própria ponte. Do que precede, podemos deduzir que se trata de um triângulo equilátero:

"Entre as figuras trilatëres, o triângulo ëquilatëral é aquele que tem seus três còtës ëðaux"

É claro que se poderia argumentar que as 5 perfurações na ponte que constituem a altura do triângulo estão relacionadas com o tamanho da sua base. Pelo contrário, as 5 contra 5 perfurações inferiores da perna horizontal designariam simplesmente os comprimentos dos lados opostos em altura. Assim, o triplo aritmético 555 seria considerado como o símbolo do triângulo equilátero, em que cada número 5 se refere ao comprimento de cada um dos seus lados. Deste ponto de vista, o cavalete serviria apenas para dar altura aos cordofones, uma simples forma triangular.

b-) o triângulo da isocele

A isocele triangular confere obviamente à ponte uma configuração muito especial, simbolizando a sua altura. Esta particularidade está relacionada com a posição da ponte em altura e em relação à sua base, ou seja, a sua posição central no ramo horizontal. De facto, se considerarmos a ponte no centro como estando sobre uma outra perfuração, teríamos 5+1+5=11 perfurações na sua base, e 6 perfurações sobre si mesma, pelo que o número total é 5+(5+1)+5=5+6+5=16. O comprimento da base seria, portanto, de 16 perfurações ou cm, enquanto o comprimento de cada um dos lados seria de 5 perfurações ou cm cada. Assim, deste ponto de vista, trata-se de um triângulo isósceles:

"Entre as figuras trilaterais, o triângulo isósceles é aquele que tem dois lados iguais.

Tendo em conta o que precede, o triplo 565 remeteria para um triângulo isósceles, de acordo com a configuração do instrumento Mvet Ekang. É importante sublinhar, de passagem, que o triângulo contido na memória civilizacional contém dois tipos de tripletos numéricos, chamados ascendentes e descendentes. O tripleto descendente é notado: T(n)=n+1+n é igual a 5+1+5=11. Por outro lado, o tripleto ascendente é anotado: T(n)=n+(n+1)+n é igual a 5+(5+1)+5=5+6+5=16. O primeiro refere-se apenas à presença de um "ângulo reto" sem possibilidade de subida, enquanto o segundo é claramente responsável por esta última.

c-) a altura do triângulo

A noção de triplicidade, de acordo com a observação feita da memória civilizacional, revela-se inscrita no objeto de estudo de forma artesanal. De facto, se considerarmos o cavalete como um objeto independente de todos os outros componentes do instrumento Mvet, verificamos que se trata de um elemento único com aberturas que permitem ver o outro lado. Por outras palavras, olhar através do objeto resulta numa visão idêntica, quer se esteja de um lado ou do outro, em relação ao objeto. A visão do instrumento parece ser canalizada para um objetivo preciso. A partir deste ponto, os ritos de iniciação são um exemplo prático de uma visão do mundo espiritual diferente da do comum dos mortais. Note-se que esta visão exclui mesmo a matéria, que é, no entanto, portadora da abertura ou da perfuração. A triplicidade traz, portanto, à tona a idéia da destruição da matéria, através de uma visão do espírito.

O triângulo como figura geométrica é simplesmente uma tradução matemática deste pensamento teológico. Os seus três lados estão de facto unidos, formando uma estrutura montanhosa com um vazio no seu interior. Este vazio não é um vazio, mas sim uma pergunta que conduz a uma resposta certa, a da longevidade da alma humana para além dos desejos vis do corpo. O mundo invisível, ou o chamado mundo espiritual, só reconhece o que lhe é semelhante no homem, excluindo o corpo, que não é parte integrante do seu ambiente. O triângulo surge assim como uma lembrança à humanidade do lugar a que pertence e do seu lugar de essência.

3-) a ordem das calabases e do triângulo
a-) a cabaça central

Todos concordam que o instrumento Mvet Ekang tem uma forma triangular, de acordo com a disposição dos cordofones, da ponte e do ramo horizontal. No entanto, ninguém tem ideia da ordem das cabaças. Assim sendo, vale a pena analisar o instrumento, que é constituído por uma única cabaça central. Esta está estritamente ligada à ponte do centro, de modo a constituir um prolongamento da ponte do nível inferior. Todo o plano da arte sacra se relaciona, a partir deste momento, com uma figura trilateral, cuja altura é muito prolongada abaixo da sua base, de modo que, unificando cada extremidade da base a esta altura por segmentos de reta, obtemos um quadrado. A fotografia da memória civilizacional que se segue ilustra-o perfeitamente:

Foto 1: A Mvet tem metade de um calabasis

https://www.Fr. m. wikipedia.org/wiki/Mvett-Ekang

Numericamente falando, esta combinação de figuras trilaterais referir-se-ia à Purificação de dois 4s colados. Se considerarmos o número 44, e mudarmos a posição do segundo número 4 para que aponte para a direita, obteremos a imagem do triângulo aqui descrito.

Muitas pessoas concordam que o número 3 simboliza o triângulo, enquanto o número 4 denota o quadrado. No entanto, o primeiro oferece apenas uma perceção simbólica em termos dos seus lados e ângulos, enquanto o segundo oferece uma visão prática de metade do triângulo, de um ponto de vista morfológico. Assim, o número 4444, tornado sobreponível e unificado na forma descrita acima, ou seja, 44 em cima contra 44 em baixo, refere-se à unidade de quatro triângulos unidos pelos seus vértices no centro do quadrado, cuja forma mais redutora é o quadrado e as suas diagonais.

O Ngoma, que é o primeiro objeto mencionado, é composto justamente por 8 perfurações superiores, 8 cordofones e 8 perfurações inferiores, de acordo com uma primeira leitura. Se incluirmos o número de vícios, são agora 8 vícios, 8 perfurações superiores, 8 cordofones e 8 perfurações inferiores. Os dois conjuntos

45

revelam uma evolução do triângulo com o símbolo numérico 888 para o quadrado com o símbolo aritmético 8888. Na mesma linha, o número 4444 denota a unidade do quadrado e dos triângulos, enquanto o número 444 se refere à unidade prática de três (3) triângulos. Além disso, o número 888 é o dobro do número 444, e o mesmo acontece com os números 8888 e 4444, pelo que o Ngombi dos antepassados é verdadeiramente uma realidade espiritual que transborda da estrutura prática, geométrica e aritmética da pirâmide. O Egipto faraónico é ainda mais pronunciado como a essência do seu universo.

O número 444 também pode somar a pirâmide por si só, através da unidade do quadrado e dos quatro triângulos. De facto, o tripleto homogéneo relaciona-se com o número 12 como produto e soma. O novo número obtido refere-se aos lados de cada triângulo unificado com o quadrado e aos lados do próprio quadrado. No entanto, é importante notar que, nesta configuração, a base de cada um dos triângulos está unificada em cada lado do quadrado. A base do triângulo é igual ao lado do azulejo, ou o lado do azulejo é igual ao lado do triângulo.

A Harpa Sagrada e a Harpa para Cítara, tradicionalmente designadas por Ngoma e Mvet Ekang, respetivamente, partilham uma configuração aritmética semelhante neste ponto da análise. O triplo 555, referente às perfurações esquerda, central e direita, simboliza obviamente o triângulo. No entanto, se adicionarmos os cordofones, que são exatamente o mesmo número, obtemos o número 5555. Tendo em conta o que precede, o número 555 e o número 5555 definem ambos a unidade aritmética do triângulo com o quadrado e, por conseguinte, a pirâmide. O cavalete da cítara harpa está relacionado com o braço da harpa sagrada, ou o braço da harpa sagrada é sinónimo de cavalete da cítara harpa.

b-) a grande cabaça central e as outras duas

Importa agora compreender a disposição de três cabaças, consoante a do meio é maior do que as outras duas que a acompanham, uma à sua direita e outra à sua esquerda, sendo ambas do mesmo tamanho. De facto, o simples facto de dispor três elementos redondos em fila, consoante o do centro seja maior ou não, tende a revelar uma imagem deste como estando mais à frente do que os outros dois. A dimensão dos elementos, a partir do seu alinhamento geral em direção a uma corrida solitária para a frente, dá a impressão de um elemento que se quer destacar do grupo. A perceção visual do que se passou anteriormente é um facto evidente:

Foto 2: O Ekang Mvet de três cabaças

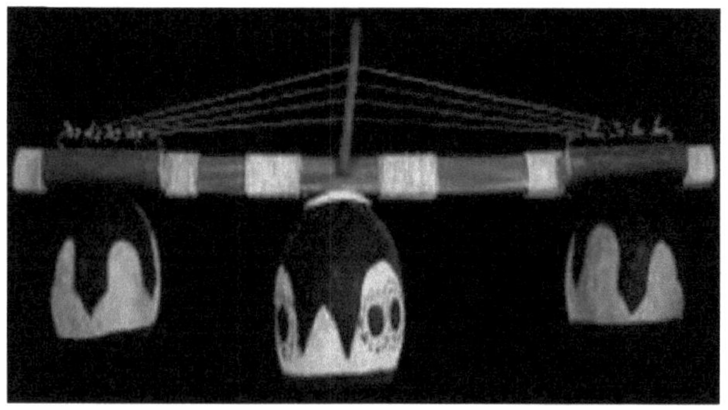

De acordo com esta fotografia, a cabaça central é obviamente mais proeminente do que as outras duas, embora todas estejam ligadas ao ramo horizontal. Tendo em conta o que precede, a forma é triangular. Uma perceção geométrica desta configuração de cabaças pode ser ilustrada da seguinte forma:

Fig: um triângulo com uma base pontiaguda

Fonte: NNANG EBANE Sosthene Tresor

Alguns poderão argumentar que se trata de um quadrado e não de um triângulo, o que é compreensível, mas apenas em parte. No entanto, seguindo a nossa lógica, podemos ver que o ramo horizontal não está presente na figura geométrica, pois simboliza a sua diagonal. Ao inseri-lo no plano, a configuração das cabaças torna-se mais explícita. A cabaça principal indica o ângulo reto mais saliente, enquanto as outras duas cabaças se referem aos ângulos rectos do fundo. Assim, o instrumento tradicional Mvet Oyeng, através do alinhamento das cabaças visto na fotografia, marca metade de um quadrado que vai da sua diagonal horizontal, que une os dois ângulos rectos, em direção ao topo do terceiro ângulo. O ramo horizontal ao qual estão ligadas as meias-calabashes é uma vista vertical da diagonal horizontal do quadrado, nesta configuração.

c-) cabaças idênticas

Para concluir a nossa análise do alinhamento das cabaças, temos de considerar a sua homogeneidade. De facto, as meias-calabastras da arte sacra parecem por vezes ter todas a mesma proporção. É correto reconsiderar as meias cabaças descritas acima e substituir a principal por outra de tamanho igual às outras duas, ou

47

simplesmente ajustá-la ao mesmo alinhamento que as outras duas. Isto levará obviamente a que o alinhamento das cabaças se confunda com o ramo horizontal a que estão intimamente ligadas. A perceção visual do que precede é da maior importância:

Fotografia 3: O Mvet Ekang tem três cabaças

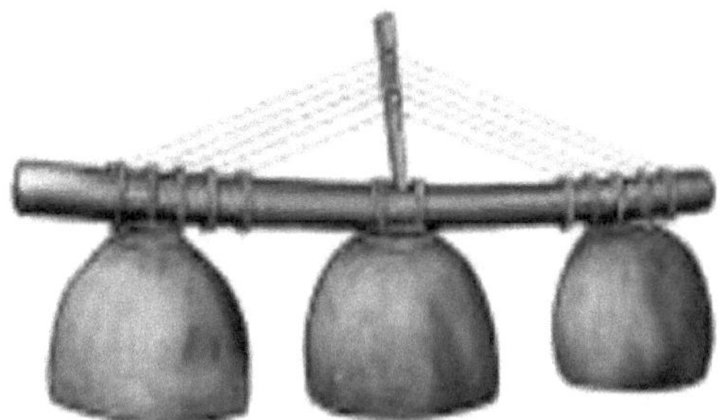

https://www.Fr. m. wikipedia.org/wikiMvett-Ekang

Esta fotografia mostra que as meias cabaças estão bem alinhadas com o ramo horizontal, resultando numa imagem geométrica que é o oposto da anterior. O digaobale e as cabaças confundir-se-ão. A imagem seguinte ilustra perfeitamente esta análise:

Fig: um triângulo com uma base plana

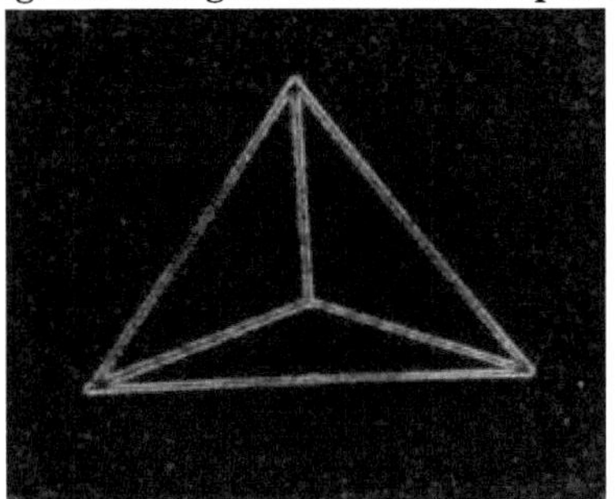

Fonte: NNANG EBANE Sosthene Tresor

Não há a menor dúvida de que o ângulo de ataque está excluído da figura geométrica. É fácil de compreender que as cabaças idênticas se refeririam mesmo a um instrumento Mvet Ekang que não tivesse cabaças. A memória da civilização mostra que três elementos alinhados da mesma porção revelam a imagem de uma linha reta. Não é de modo algum apropriado estabelecer uma determinada representação, sem conhecer a ideia que obviamente queremos exprimir. Assim, a linha plana pode descrever a ausência de perturbação, enquanto a linha quebrada confirma a presença de uma certa mobilidade.

d-) variações das ondas e a pirâmide

É de salientar que o ângulo mais proeminente e o seu regresso à homogeneidade com os outros dois se relacionam com aquilo a que chamámos variações de onda. Esta caraterística ascendente e descendente está sempre ligada ao quadrado que forma a base da pirâmide. Mas qual é a ideia que está a ser expressa? O principal objetivo da memória civilizacional é recordar a sua região de origem, não só do ponto de vista da história das migrações, mas também numa linguagem geométrica. Assim, os movimentos ondulatórios combinados com o quadrilátero como base da pirâmide relacionam-se com a ideia de que a pirâmide nasceu do Nilo. A pirâmide é, portanto, um produto do grande Nilo. Esta ideia teológica de que a água é a matéria criadora de todas as coisas é traduzida em códigos matemáticos. Os cordofones simbolizam a perceção matemática e artística das águas do rio. As águas do Nilo devem sempre fluir e ser celebradas, para dar vida à pirâmide, porque o sólido nasce sempre do líquido. As múltiplas melodias produzidas pelo toque de dedos hábeis implicam que a energia vital que faz ondular as águas não é obra de um mortal. O símbolo que figura na capa da obra deve ser tomado como ponto de partida:

Fig: Dz^ Ayem

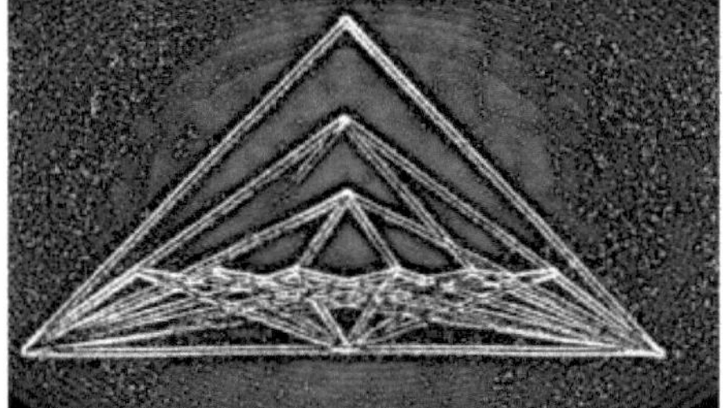

Fonte: NNANG EBANE Sosthene Tresor

O símbolo "Dz^ Ayem" combina três elementos importantes: o triângulo, a água e o céu. O triângulo, por si só, é considerado como a totalidade da pirâmide, apesar de ser apenas metade dela. É, portanto, considerado como um sólido. Podemos ver que a água no interior da pirâmide aparece de forma ondulante, ocupando toda a sua base. Tudo isto sugere que a pirâmide parece estar a afastar-se gradualmente da água animada. A vibração está ligada à própria obra da criação, como o prova a superfície ondulante da água sobre o símbolo. O olho simboliza a testemunha da origem da criação, aquele que remete mesmo para a noção de recordação. O Ekang Mvet sublinha esta recordação tanto do ponto de vista oratório como morfológico. A pirâmide simboliza um olho aberto para o mundo, testemunho da grande concentração espiritual que existia na altura nesta parte do mundo. No entanto, a partida de muitos povos desta parte do mundo para outras denominações deve-se exclusivamente à deslocação desta concentração espiritual para a atual região da África Central, da qual o Gabão é um território exponencialmente luminoso.

4-) Triângulos inversos

a-) base triangular e eixo de simetria

Observando a disposição dos cordofones no interior da ponte e do ramo horizontal, é evidente que o instrumento Mvet tem uma forma triangular. Foi demonstrado que o instrumento da capa tem 5 perfurações à esquerda e 5 perfurações à direita do cavalete, que por sua vez tem outras 5 perfurações. Assim, o triplo 555 simboliza a figura trilateral. O que precede pode, evidentemente, ser ilustrado da seguinte forma:

Um ângulo reto

Fonte: NNANG EBANE Sosthene Tresor

A forma geométrica do ângulo reto pode ser observada contando o número de perfurações do instrumento sagrado. Se considerarmos o ramo horizontal com 5 mais 5 perfurações no total como o eixo de simetria, porque forma a base do triângulo, obtemos exatamente a mesma figura trilateral ao nível inferior. É importante notar, no entanto, que as cabaças não são utilizadas nesta configuração. Existem agora 5 perfurações à esquerda e à direita da ponte, e 5 perfurações na própria ponte no nível superior, e 5 perfurações à esquerda e à direita da ponte, e mais 5 na própria ponte no nível inferior, onde o quadrado é revelado. O bordo é, portanto, anotado em fracções, ou seja, 555/555=1. Obtém-se assim a imagem seguinte:

as diagonais

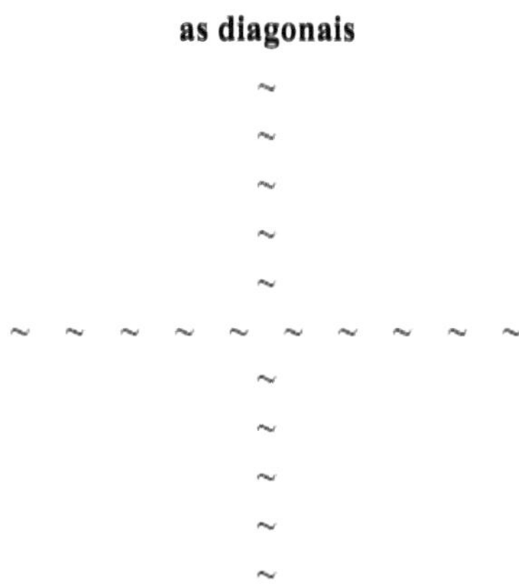

Fonte: NNANG EBANE Sosthene Tresor

Recordando o número 4444 como valor numérico da pirâmide, a posição das diagonais no plano mostra, mais uma vez, que o número 4 pode ser inscrito 4 vezes, segundo o plano superior e o plano inferior. A morfologia do Sagrado Mvet

50

Ekang, à luz do que precede, põe em evidência a ideia de que o ângulo reto é uma visão diminutiva das diagonais. Pelo contrário, estas últimas são uma duplicação das primeiras. Se o ângulo reto diz respeito à unidade, e as diagonais definem a dualidade, então as duas formas juntas dizem respeito à triplicidade. O ângulo reto e as diagonais formam um todo unificado, demonstrando que os elementos da natureza estão presentes tanto em formas condensadas como fragmentadas. Numa dimensão mais elevada, este facto sugere que a natureza sabe cuidar muito bem de si própria, sem qualquer ajuda externa.

b-) cordofones e diagonais

A função geral dos cordofones é reconciliar cada uma das três perfurações numa ordem gradual. Assim, unindo os diferentes pontos do plano por segmentos de reta simbolizados pelas cordofones, obtém-se um azulejo fractal. Por outras palavras, podemos ver os azulejos crescerem e decaírem ao mesmo tempo. A partir deste momento, o instrumento sagrado revela-se como a expressão da realidade universal, unificando as duas ordens de revolução numa só. O seguinte exemplo ilustra perfeitamente esta ideia:

Fig: o quadrado fractal

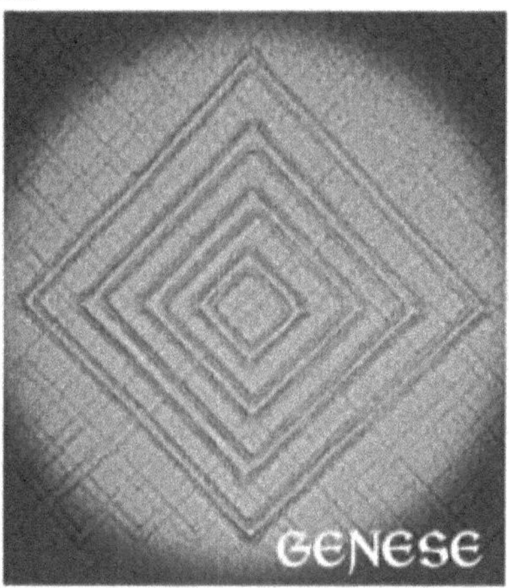

Fonte: NNANG EBANE Sosthene Tresor

O mosaico aqui apresentado representa um instrumento Mvet composto por quatro cordofones. Um único quadrado pode ser visto a crescer e a diminuir em várias dimensões. Isto explica a noção de geometria fractal. À luz do que precede, podemos ver que o Mvet Ekang é metade de uma pirâmide, que só pode ser completada excluindo as cabaças, mas também e sobretudo tendo em conta o alinhamento das perfurações. A pirâmide musical é o segundo nome do instrumento sagrado. Já fizemos acima a ligação entre o eco e a forma física, através do vivificante e do vivificado, para compreender a memória civilizacional sob este ângulo.

c-) triângulos e equilíbrio de forças

É evidente que o quadrilátero anterior é um quadrado. No entanto, é de notar que ocupa uma posição vertical, que não é a que nos é habitualmente oferecida nos meios académicos.

Se começarmos por considerar a diagonal horizontal como o centro do quadrado, verificamos que este é constituído por dois triângulos isolados, um dos quais aponta para o céu e o outro para baixo. No entanto, na sua dimensão espiritual, Mvet Ekang não se relaciona com as realidades terrenas, que são mais celulares, pelo que apenas se tem em conta a figura trilateral que aponta para o céu. De acordo com o simbolismo do triângulo, o que aponta para o céu representa o homem, o sol, o fogo, o ativo, etc. Face ao exposto, a grandeza da arte sacra continua a justificar-se segundo o simbolismo do triângulo, fora da perceção tradicional acima descrita. Tudo parece indicar que a modernidade é apenas uma explicação gradual das descobertas de outros tempos. Não existe uma nova ciência, apenas novas descobertas sob diferentes ângulos. A maior ciência de todas é a ciência do auto-conhecimento.

Utilizando a linha vertical como centro da figura geométrica, obtemos sempre dois triângulos isolados, um apontando para a direita e o outro para a esquerda. O simbolismo do triângulo permanece o mesmo, porque o lado direito é frequentemente considerado como o lugar dos eleitos, daqueles que conheceram ou estão a conhecer o sucesso, enquanto o lado esquerdo remete para a fraqueza, a traição, etc. O passivo e o ativo são sempre colocados juntos para exprimir o equilíbrio das forças. A lua e o sol são opostos no sentido em que um é calor e o outro é suavidade, mas a humanidade não poderia sobreviver sem eles. Trata-se de uma oposição complementar, não prejudicial. As forças universais complementam-se porque cada uma tem o seu próprio momento de manifestação; a vida não pode ser limitada apenas à perfeição ou à negatividade. A exclusão incondicional de uma ou de outra não é relativa à natureza humana, mas sim obra do espírito. A perfeição é uma revelação do trabalho espiritual, é preciso morrer para conhecer um mundo sem guerras, conflitos familiares, etc. O melhor que podemos fazer não é rejeitar o mal como uma realidade não integral da nossa vida, mas sim saber superá-lo, e é aí que entra a noção de equilíbrio.

A pirâmide em si é um lembrete de que o mal não será eliminado pela mão do homem, mas sim por uma inteligência superior. Em termos simples, a natureza sabe sempre cuidar de si própria. O regresso à estaca zero é uma longa marcha que foi traçada há muito tempo, muito antes do aparecimento da humanidade na Terra. O eco produzido pelos cordofones da arte sacra é uma palavra manifestada através da vibração, da qual nascem todas as coisas. A água é fecundada pelo eco que impulsiona os seus movimentos ondulatórios, assim nasce a pirâmide.

5-) as formas geométricas da pirâmide

a-) o ângulo reto

Verifica-se que o quadrado utilizado para ilustrar os triângulos invertidos acima adopta uma postura vertical, apoiando a sua construção nas diagonais. Estas diagonais têm uma configuração aritmética através do tripleto 555, que é normalmente um sinal de estagnação. No entanto, como estamos a falar de uma subida vertical, vale a pena rever a configuração do ângulo reto. O objetivo aqui é realçar uma outra caraterística do ângulo reto, retirada das perfurações do instrumento Mvet. Vejamos novamente o ângulo reto observado acima:

Um ângulo reto

Fonte: NNANG EBANE Sosthene Tresor

Existem, evidentemente, 5 perfurações no lado esquerdo, 5 perfurações na ponte e 5 perfurações no lado direito; no entanto, a ponte propriamente dita está inserida numa outra perfuração conhecida como perfuração central. Assim, o ângulo reto aparecerá agora com um ponto suplementar no centro, como se segue.

Um ângulo reto

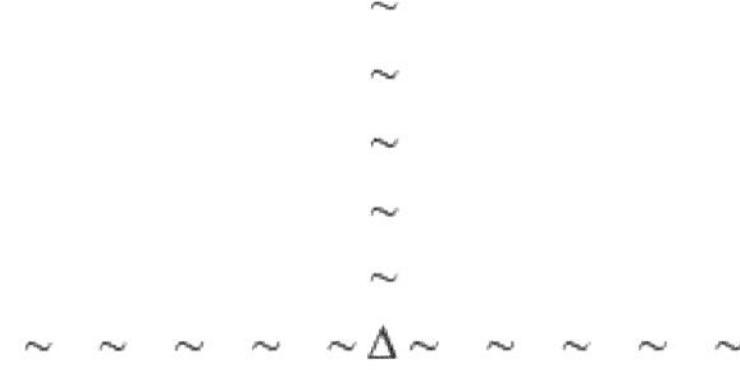

Fonte: NNANG EBANE Sosthene Tresor

Inserindo um ponto suplementar no centro do ângulo reto, passamos do triplo 555 ao triplo 666; no entanto, os triplos aritméticos tomados nesta formação não evocam a ascensão de uma forma prática ou de modo a que a ascensão possa ser observada a olho nu. Neste caso, é necessário contar o número total de pontos horizontais, depois encontrar o seu centro de simetria aritmética, acima do qual se deve acrescentar exatamente o mesmo número de pontos, constituindo a sua metade esquerda ou direita. T(n)=n+1+n é igual a T (5)=5+1+5=11. O número 1 no centro representa a neutralidade no tripleto de regressão, que se transformará no número 6 no tripleto de ascensão. T(n)=n+(n+1)+n é equivalente a T (5)=5+(5+1)+5=5+6+5=16. O número 6 simboliza a altura do triângulo e o seu vértice, enquanto os números 5 de cada lado designam os seus lados ascendente e descendente, e o número 16 refere-se à sua base. Descobrimos que o triplo homogéneo, 555 ou 666, é certamente uma perceção do triângulo, mas não inclui realmente a base.

b-) ângulos rectos e rectângulos

O ponto anterior baseou-se na configuração aritmética do ângulo reto de acordo

53

com a configuração das perfurações do instrumento sagrado Mvet Oyeng. Agora é preciso partir do ângulo reto e chegar ao retângulo. É apenas uma questão de reconsiderar o ângulo reto e depois completar todo o plano, acrescentando 5 pontos extra em cada perfuração horizontal. Vamos reconsiderar o segundo ângulo reto:

Um ângulo reto

Fonte: NNANG EBANE Sosthene Tresor

Vamos preenchê-lo de modo a que tenha uma forma completamente homogénea, como se mostra abaixo:

<pre>
                    ~
                    ~
                    ~
                    ~
                    ~
  ~   ~   ~   ~   ~Δ~   ~   ~   ~   ~
</pre>

Fonte: NNANG EBANE Sosthene Tresor

O esboço retangular obtido tem 6 cm de largura e 11 cm de comprimento, partindo do Mvet Ekang constituído por 5 cordofones. Vemos que são adicionados 25 pontos de cada lado do ângulo reto para obter o retângulo. O plano tem um total de 66 pontos, porque bxh ou hxb é igual a 11x6 ou 6x11, ou seja, 25+25+16=(2x25)+16=50+16.

Além disso, podemos ver que o número tomado para a largura e o comprimento dos lados do retângulo fornece espaços em forma de quadrado cujos números correspondentes são menores do que estes por uma pequena unidade. Sabemos que o comprimento é 11cm, logo o comprimento interno é 10cm, e que a largura é 6cm, logo a largura interna é 5cm. Descobrimos que o tripleto 555 está relacionado não só com o triângulo, mas também com a perceção tripartida da largura interna do retângulo, que corresponde à organização de 24 pontos no plano, ou seja, o número 6666. O número 555 e o número 6666, embora relacionados com o número 7 como unidade e somados, definem as partes interna e externa do retângulo. Do ponto de vista interno, temos: comprimento 5 e largura 3, enquanto do ponto de vista externo: comprimento 6 e largura 4. Assim, 3x5=15 é o tripleto 555, e 4x6=24 é o número 6666.

Voltando à composição dos tripletos aritméticos, notamos primeiro que: o tripleto de ascensão 565 torna-se 65656, depois o tripleto de regressão 515 torna-se 65156, finalmente os tripletos aritméticos homogéneos 555 torna-se 6565656 e o tripleto 666 torna-se 6565656 . Note-se que os tripletos aritméticos idênticos reflectem uma realidade muito específica, relacionada com a unidade do número 3 com o número 4. De facto, o primeiro está presente no interior do segundo sob a forma de um intervalo, enquanto o primeiro se relaciona com os limites do segundo. De acordo com o retângulo, o número 6 simboliza os limites dos intervalos, enquanto o número 5 representa o intervalo. Assim, se o número 5 aparece 3 vezes, o número 6 aparece 4 vezes, pelo que o seu aparecimento singular está relacionado com o número 7, como unidade do triângulo com o quadrado. Recorde-se que a Harpa Sagrada, tradicionalmente chamada Ngoma ou Ngombi, oferece exatamente uma leitura tripartida do número 8 e uma leitura quádrupla, daí os números 888 e 8888. Os números contados de forma singular também assentam no número 7, sendo que o 888 simboliza o número 3 e o 8888 define o número 4, pelo que 3+4=7. Do que precede resulta claramente que o triângulo está inscrito no retângulo.

c) rectângulos e triângulos

O estudo dos instrumentos Ngombi e Mvet Ekang parece mostrar que a pirâmide abunda numa multiplicidade de figuras geométricas. De acordo com esta ideia, o triângulo pode ser visto no desenho retangular abaixo:

Fig: o triângulo inscrito no retângulo

Fonte: NNANG EBANE Sosthene Tresor

Foram utilizadas várias cores para realçar a figura trilateral deste quadrilátero. Antes de mais, é de notar que, sendo o plano composto por 66 pontos, apenas 36 são utilizados para construir o triângulo, uma vez que existem 15 pontos pretos de cada lado do triângulo. Existem 5 cordofones, pelo que, da mesma forma, são compilados 5 triângulos para uma representação fiel da arte sacra. É correto que este facto seja claramente demonstrado:

Fig: o triângulo inscrito no retângulo

Fonte: NNANG EBANE Sosthene Tresor

Obviamente, obtemos 5 triângulos à luz do que foi dito anteriormente através dos triângulos 111, 222, 333, 444 e 555. Estes últimos mostram claramente que a arte sacra deriva desta confirmação matemática. Também é possível ler o triângulo de outra forma, tendo em conta o comprimento dos lados em relação à sua base. São 6 cm de lados para 11 cm de base, 5 para 9, 4 para 7, 3 para 5 e 2 para 3. Cada tripleto de regressão está portanto relacionado com o tamanho da base, pois temos: 5+1+5=11, 4+1+4=9, 3+1+3=7, 2+1+2=5 e 1+1+1=3. O comprimento dos lados está então relacionado com metade do tripleto de regressão mais o algarismo ou

55

número tomado como centro de simetria aritmética. 1+5=6, 1+4=5, 1+3=4, 1+2=3 e 1+1=2, pelo que os triplos 565, 454, 343, 232 e 121 são descritos como ascendentes. O número 5 designa, portanto, o intervalo tornado prático pela ação dos cordofones. O que se segue demonstra a clara perceção do número externo da memória civilizacional:

Fig: o triângulo inscrito no retângulo

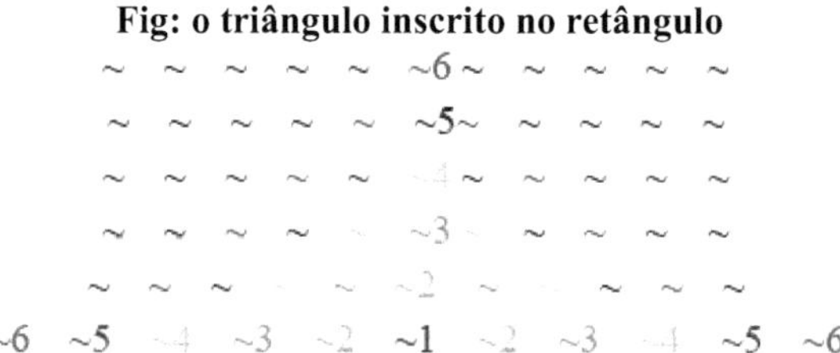

Fonte: NNANG EBANE Sosthene Tresor

Ao inserir um valor diferente de zero no centro dos algarismos, obtemos três partes de números que vão de 1 a 6, altura em que o algarismo 5 volta ao seu valor intervalar. No entanto, continuam a existir 5 tripletos aritméticos: 666, 555, 444, 333 e 222, ou 222, 333, 444, 555 e 666. Podemos ver que o número 1 é uma unidade neutra na contagem dos tripletos aritméticos.

Tendo em conta o que precede, Mvet Ekang evoca a palavra do invisível através da soma do intervalo, que conhecemos mas que pouco importa. Propõe a ideia de que o invisível anima o visível, ou que o invisível está escondido no visível. É nesta perspetiva que a matemática, através da escrita dos números e das figuras geométricas, é uma transposição perfeita da estreita relação entre a alma humana e o seu corpo, sob o impulso de um ser supremo que é o autor desta obra misteriosa, representando-se a si próprio sob a forma combinada de eco e vibração. Mvet Ekang defende o reconhecimento incondicional da alma como sujeita a uma certa evolução constante. A alma deve evoluir.

d-) o retângulo e os triângulos cruzados

Até agora, o retângulo tem sido uma figura geométrica utilizada como suporte de outras figuras. Devemos continuar na mesma linha, incluindo os triângulos cruzados. Os triângulos cruzados são definidos como dois triângulos da mesma natureza cujos vértices apontam para cada uma das suas bases. Se um aponta para baixo, o outro aponta para cima. O exemplo seguinte ilustra perfeitamente esta observação:

Fig: retângulo e triângulo cruzados

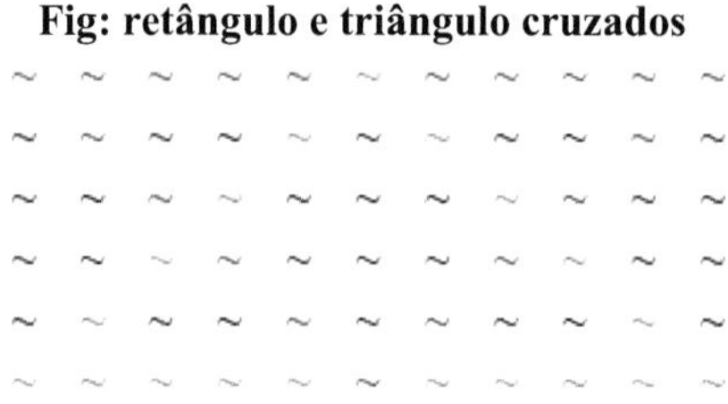

O retângulo acima mostra, de facto, a imagem de dois triângulos, com os seus vértices apontando para bases opostas. Inesperadamente, vemos também a presença de um quadrado, como resultado da sua inversão. A imagem completa revela não apenas dois triângulos que se intersectam, mas também um quadrado rodeado por quatro triângulos do mesmo tipo. É assim que se cria uma pirâmide aberta, estendendo o plano ao longo do ângulo reto da arte sacra. No final, Mvet Oyeng oferece várias imagens da pirâmide. É útil apresentar o plano completo, embora a arte sacra se refira exclusivamente à região superior. Provavelmente não seria um erro propor o seguinte plano:

Fig: a pirâmide e as suas facetas

```
#   #   #   #   #   €   #   #   #   #   #
#   #   #   #   €   #   €   #   #   #   #
#   #   #   €   #   #   #   €   #   #   #
#   #   €   #   #   #   #   #   €   #   #
#   €   #   #   #   #   #   #   #   €   #
€   #   #   #   #   #   #   #   #   #   €
#   €   #   #   #   #   #   #   #   €   #
#   #   €   #   #   #   #   #   €   #   #
#   #   #   €   #   #   #   €   #   #   #
#   #   #   #   €   #   €   #   #   #   #
#   #   #   #   #   €   #   #   #   #   #
```


\#   O ângulo reto, que inicialmente era considerado o esqueleto do triângulo quando a análise matemática foi introduzida com o instrumento tradicional, acaba por se revelar como os eixos de simetria e as medianas do quadrado à luz do que precede. Do resultado obtido, podemos deduzir que dois rectângulos unidos em cima e em baixo formam um quadrado. Nesta situação, o quadrado tem 11 pontos ou 11 cm de comprimento.

\#   As diagonais têm o mesmo comprimento que os lados do azulejo, ou seja, 11 pontos contra 11 pontos. As diagonais e as medianas ou eixos de simetria intersectam-se todas no centro do azulejo.

\#   O quadrado de 11 cm é utilizado como figura de base para o conjunto de formas geométricas e figuras no seu interior. Ocupa uma posição habitual ou normal.

€: Um segundo bordo aparece no interior deste último, numa posição vertical. Mede 6 pontos ou 6 cm de comprimento.

\#   As diagonais do quadrado comum tornam-se os eixos de simetria ou as medianas do segundo quadrado.

\#   Inversamente, os eixos de simetria ou as medianas do quadrado comum tornam-se as diagonais do quadrado vertical.

6-) análise aritmética
a-) a aresta ordinária

A partir do resultado acima, podemos constatar que a memória civilizacional tem no seu interior um quadrado comum, cujo comprimento dos lados corresponde a um número ímpar. Este número é escolhido não só para traçar o comprimento dos lados, mas também para realçar os seus eixos de simetria. É por isso que a figura trilateral que constitui o seu esqueleto tem a unidade angular da horizontalidade e da verticalidade. No entanto, é a verticalidade que é representada por metade, a fim de permanecer fiel ao valor excedente da expressão Mvet. O número 11 tem o número 1 como centro aritmético de simetria, tendo o número 5 como imagens simétricas, logo 5+1+5=11. A expressão da mais-valia é então construída unindo o centro a um dos valores simétricos, dando: 5+(5+1)+5=5+6+5=16. O número 6 simboliza agora a altura do triângulo, mas o seu valor não está claramente indicado no esqueleto do objeto.

b-) a aresta vertical

Também se pode ver que a postura da aresta vertical dentro de outra aresta dita normal é conseguida pelo carácter ímpar do comprimento da primeira aresta. O segundo quadrado ou quadrado vertical é uma visão quádrupla do valor central da excedantaite do número 11. É por isso que mede 6 pontos ou 6 cm de comprimento lateral. O quadrilátero de 6 cm está inscrito no quadrilátero de 11 cm, razão pela qual o tripleto numérico em geral é uma forma simplificada de escrever este teorema geométrico. Assim, é possível partir do triângulo, passar pelo retângulo e chegar ao quadrado, como figura geométrica de base.

c-) a natureza do tripleto digital

O próprio tripleto aritmético evoca a ideia de compilação de várias figuras geométricas, começando pelo triângulo como figura primária. À luz do que precede, o número 3 revela-se como a própria expressão da multiplicidade na unidade. Mas é uma multiplicidade que se quer unir horizontal e verticalmente, ou seja, preenchendo o universo na sua totalidade. Entre os trigémeos, há os seguintes chifres e números: 3,5,7,9,11,13,15,17,19, etc. Permitem-nos obter a postura vertical do quadrado como uma das suas principais características, centrada na transformação dos eixos de simetria em diagonais e das diagonais em eixos de simetria, em relação à inscrição do quadrado vertical no quadrado comum.

Os números pares também podem ser utilizados como tripletos aritméticos, mas como têm um centro de simetria diferente de 1, os triângulos, os eixos de simetria e as diagonais aparecerão duas vezes.

7-) o alfabeto piramidal
a-) Mvett e os fractais

É da ordem natural das coisas permanecer sempre no centro da organização da arte sacra, para fazer sobressair uma outra particularidade relativa à arte da representação. Quando estudámos as estruturas duplas externas e internas do instrumento Mvet, apercebemo-nos de que elas podiam variar continuamente de

58

um estádio inferior para um estádio superior. De facto, as cordas da Mvet estão dispostas em ordem ascendente de baixo para cima, enquanto que em ordem descendente de cima para baixo, são semelhantes a triângulos que se sucedem, de modo que o conjunto pode ser comparado aos degraus de uma escada ou escadaria. A qualidade do instrumento Mvet Ekang mergulha mais uma vez a nossa análise no coração da matemática. Este processo de construção é conhecido como geometria fractal:

"Uma figura fractal é um objeto maligno com uma estrutura semelhante a todas as escalas. É um objeto geométrico "infinitamente fragmentado" cujos detalhes podem ser observados numa escala escolhida arbitrariamente. Ao fazer zoom numa parte da figura, é possível encontrar a figura completa; diz-se então que é "auto-similar".

Esta passagem prova, mais uma vez, que o Mvet não é apenas um instrumento religioso, como muitos pensam, mas que é sobretudo um instrumento matemático, que deve ser estudado em profundidade para se aprender mais com os tesouros que contém. Assim, não é surpreendente que seja proposto como objeto de estudo matemático no mundo académico. Foi demonstrado acima que a noção de geometria fractal é construída em torno de uma organização algébrica, ou seja, o tripleto aritmético. A ligação entre o cavalete e o ramo horizontal, que numa análise avançada são as medianas de um quadrado ordinário, e as diagonais de um quadrado vertical inscrito neste último. Note-se que esta noção de matemática está também presente na própria natureza, atestando mais uma vez a qualificação de Mvet Ekang como a expressão da multiplicidade na unidade, ou definindo-a como uma redução palpável de factos universais a um objeto prático possuído pelo homem. Podemos ilustrar este facto da seguinte forma:

Figura: Couve romanesca

https://www. Wikipedia.org<wiki>fractale/2021(le8juillet)

Se olhar com atenção para esta fotografia, pode ver que a mesma imagem se reflecte de forma espetacular em toda a superfície da couve. As formações vegetais mais pequenas estão por cima das maiores. No entanto, no instrumento Mvet, as cordas mais curtas estão situadas por baixo das de maior comprimento, o oposto da distribuição das plantas vista nesta fotografia. Esta perceção é obviamente possível quando o ramo lateral aponta para baixo. Tal como a couve romanesca, o feto também se organiza segundo a geometria fractal. A imagem abaixo é uma ilustração perfeita:

Figura: Um feto fractal

https://www. Wikipedia.org<wiki>fractale/2021(8 de julho)

Estas diferentes fotografias mostram claramente que a forma geométrica se reflecte em todas as dimensões do plano do objeto em estudo. No que diz respeito ao feto, podemos contar cerca de dez reproduções instantâneas de cada lado, pelo que uma folha inteira terá vinte representações no total, como valor aproximado. No entanto, é difícil atribuir um valor aproximado à couve romanesca. Com a mesma ideia em mente, estudámos a estrutura interna da Mvet de três cordas como objeto básico de estudo, dada a repetição predominante do número 03 no instrumento, a fim de descobrir o número de símbolos que contém. Felizmente, conseguimos obter inúmeros símbolos unitários, binários e trinários.

b-) Quadro piramidal do alfabeto

O quadro oferece um crescimento gradual e consecutivo de símbolos triangulares em três categorias: unitários, binários e trinitários. É possível ir muito mais longe, mas sabemos que nunca conseguiremos fazer sobressair todas as facetas do objeto, pelo que nos contentaremos com uma análise minimalista mas interessante. Os símbolos seguintes são absolutamente magníficos:

Folha: Alfabeto piramidal

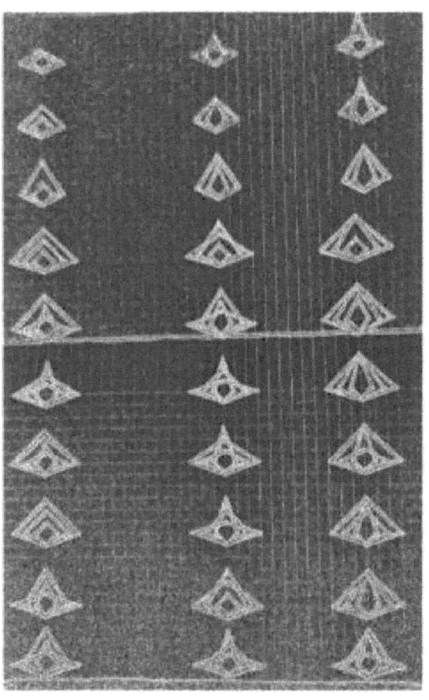

Fonte: NNANG EBANE Sosthene Tresor

Assim, é evidente que os símbolos variam da unidade mais pequena para a maior. O crescimento dos símbolos reflecte a ideia de que seria judicioso começar do nada para obter resultados excepcionais. É importante sublinhar, no entanto, que o crescimento dos símbolos revela a presença do olho humano, antes de se fundir com a chama e as estrelas. Tudo parece ligar o homem ao céu ou à visão dos astros luminosos, e temos de acreditar que este alfabeto define a grandeza espiritual do ser humano que está ansioso por dominar o funcionamento dos astros luminosos, quer para se situar em relação a uma região geográfica, quer para resolver um enigma. É assim que o olho humano acaba por se metamorfosear para se fundir com o planeta solar, com o objetivo de ter uma visão panorâmica ou real do universo. O alfabeto piramidal define o homem como um ser em busca de conhecimento, do qual não está de modo algum excluído o facto de se fundir com a natureza. O olho humano deve, portanto, fundir-se com os astros luminosos do sol e da lua, ou com as estrelas, expressão por excelência do despertar espiritual. No entanto, é necessário determinar o número de símbolos que se pode obter da Mvet de 3 cordas, se a corda for contada individualmente da esquerda para a direita, ou da Mvet de 6 cordas, se cada parte da esquerda ou da direita for contada independentemente.

C-) símbolos e obras artísticas

61

Antes de proceder a um estudo estatístico dos símbolos do alfabeto piramidal, é natural que se possa sugerir as utilizações que obviamente lhes podem ser dadas. Não seria errado repetirmo-nos, deixarmo-nos levar pelos contornos misteriosos das artes sagradas, de que o Mvet Ekang é atualmente objeto. Para não nos desviarmos do tema das matemáticas, limitar-nos-emos a sugerir Mfine Nzalang, o Escudo do Trovão, congregado em honra do Senhor Ekang Oyono Ada Ngoine.

Figura: Mfine Nzalang Oyone Ada Ngoine

***

(Símbolos unitários, binários e trinitários<183 +1>)

A arte sacra mergulha o observador num universo fantástico onde não é preciso pensar para o compreender, basta admirar a sua maravilhosa decoração e anotá-la fielmente num suporte. O conhecimento não é propriedade do homem, ele apenas o utiliza de forma não permanente. Seria, portanto, insensato falar de Mvet sem mencionar o Senhor Oyono Ada Ngoine, pois este é simplesmente o resultado de um testemunho. Existem muitos outros símbolos, mas este escudo Ekang serve.

8-) os valores numéricos dos símbolos

Os símbolos que compõem este alfabeto piramidal obedecem a valores numéricos específicos. Por outras palavras, cada símbolo tem as suas próprias coordenadas específicas. Para o efeito, revela uma organização trina dos símbolos, o tripleto 123. Assim, começamos com um símbolo unitário, passamos a um símbolo binário superior e, finalmente, a um terceiro símbolo trinitário. É preciso dizer que as formas trigulares crescem de 01 para 02, depois de 02 para 03, e de 03 para 04, e ainda mais. O crescimento e a decadência são duas ordens unificadas que acompanham sempre estes diferentes símbolos.

a-) Símbolos das unidades

Os símbolos unitários não têm uma geometria fractal, não contêm um revestimento, como os três primeiros símbolos: 1; 2; e 3, que têm um símbolo que evolui em três dimensões. O símbolo abaixo é uma ilustração perfeita deste argumento:

Figura: Akong

(A lança)

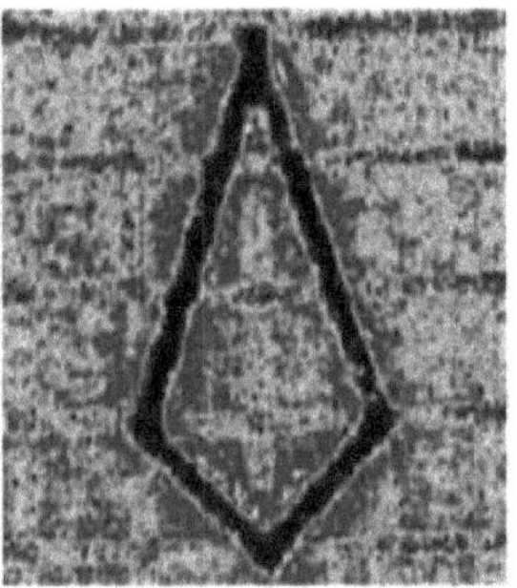

Fonte: NNANG EBANE Sosthene Tresor

Akong é um símbolo unitário, com coordenadas: (1-3). Tem uma base quadrada e uma altura triangular. É o grau mais elevado dos símbolos unitários, tendo os que o precedem as coordenadas (1-1) e (1-2). A cabaça central é tomada como ponto de origem de cada símbolo, porque é necessário manter a lógica de que é o triângulo que dá altura à sua base quadrada.

b-) Símbolos binários

Contêm duplicados, mas na ordem de dois, como os segundos símbolos. Existem quatro tipos de símbolos bianários: combinados, duplos combinados, estáticos e estáticos combinados.

b-1) combinações:

São símbolos obtidos a partir de coordenadas que variam numa escala de 1 a 3. Os símbolos variam de acordo com a grandeza numérica que lhes é atribuída, mas por ordem de dois, quadrados e triângulos juntos.

Tabela numérica de símbolos binários

1			2		
1-1	1-2	1-3	2-1	2-2	2-3
2-1	2-1	2-1	1-1	1-1	1-1
1-1	1-2	1-3	2-1	2-2	2-3
2-2	2-2	2-2	1-2	1-2	1-2
1-1	1-2	1-3	2-1	2-2	2-3
2-3	2-3	2-3	1-3	1-3	1-3
3	3	3	3	3	3

Fonte: NNANG EBANE Sosthene Tresor

Esta tabela estatística mostra o número de combinações possíveis para obter símbolos binários. Há um total de 18 símbolos binários, ou seja, 9 combinações para cada dígito 1 e 2. Assim, 9+9=18 ou 9x2=18. O símbolo binário abaixo liga efetivamente dois triângulos ao nível superior:

Figura: Ayem

(Conhecimento)

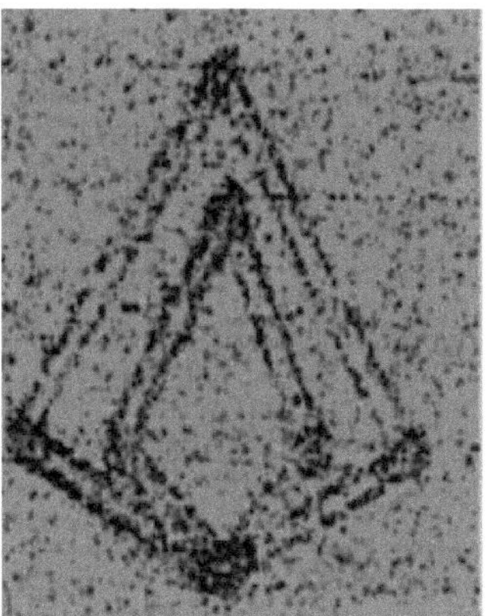

Fonte: NNANG EBANE Sosthene Tresor

Trata-se de um símbolo binário. É composto pelas seguintes cadeias: (1-2 ; 2-3). Não há dúvida de que o triângulo interior é mais pequeno do que o exterior, exprimindo assim a noção da geometria fractal, de uma figura inscrita dentro de outra da mesma natureza.

b-2) duplas combinadas:

São assim chamados porque são obtidos a partir do produto cruzado dos valores anteriores.

Tabela numérica de símbolos binários

1-2	1-2	1-2	1-1	1-2	1-1
1-1	2-1	3-1	1-2	2-1	3-2
2-2	2-2	2-2	2-1	2-1	2-1
1-1	1-1	3-1	1-2	2-2	3-2
3-2	3-2	3-2	3-1	3-1	3-1
1-1	2-1	3-1	1-2	2-2	3-2
3	3	3	3	3	3

Fonte: NNANG EBANE Sosthene Tresor

Tal como a tabela estatística anterior, também apresenta 18 possibilidades. Ou seja, 9 símbolos para cada número do plano, 1 e 2. A tabela está ligada de cima para baixo.

b-3) estática:

Cada vez que um triângulo-quadrado adquire o valor de uma unidade, o segundo aumenta, conservando o mesmo valor ligado à ordem de revolução. Trata-se de uma evolução global e não autónoma, como se observou anteriormente. A imagem do conjunto pode ser a de uma mulher grávida, porque a criança é o elemento novo, que lhe é naturalmente interno.

Tabela numérica de símbolos binários

1			2		
1-1	1-2	1-3	2-1	2-2	2-3
2-1	2-1	2-1	1-1	1-1	1-1
1-2	1-2	1-2	2-2	2-2	2-2
2-2	2-2	2-2	1-2	1-2	1-2
1-3	1-3	1-3	2-3	2-3	2-3
2-3	2-3	2-3	1-3	1-3	1-3
3	3	3	3	3	3

Fonte: NNANG EBANE Sosthene Tresor

O quadro estatístico mostra que existem 18 possibilidades. Ou seja, 9 possibilidades para cada uma das categorias 1 e 2. O símbolo abaixo ilustra perfeitamente esta observação:

Figura: Dzi Ayem

(The Inquisitive Eye)

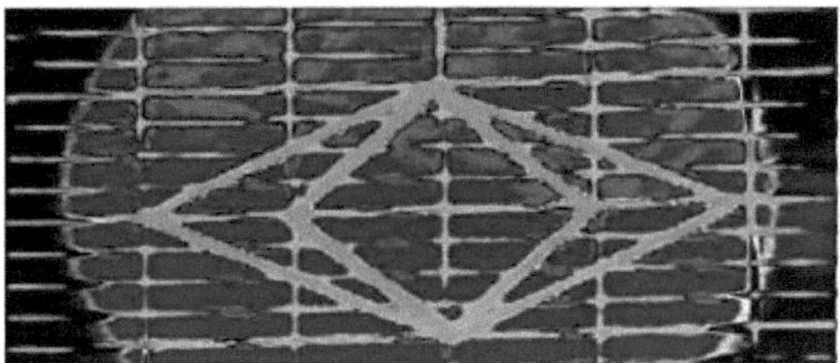

Fonte: NNANG EBANE Sosthene Tresor

Se olharmos atentamente para este símbolo, podemos ver que é semelhante ao olho humano. Tanto o triângulo exterior como o interior têm o mesmo vértice superior, o que faz deste símbolo um dos símbolos estáticos combinados. Exprime a partilha, a unidade, o trabalho em conjunto e a fraternidade,
amor. Não se diz que a força está nos números?

b-4) estática combinada

São obtidos investindo as diferentes cadeias dos símbolos anteriores. Tudo o que tem de fazer é trocar os valores mais altos pelos mais baixos, de modo a que o triângulo interior seja maior do que o triângulo exterior. A tabela estatística seguinte é um exemplo notável:

Tabela numérica de símbolos binários

1-2	1-2	1-2	1-1	1-1	1-1
1-1	2-1	3-1	1-2	1-2	3-2
2-2	2-2	2-2	2-1	2-1	2-1
2-1	2-1	3-1	2-2	2-2	2-2

3-2	3-2	3-2	3-1	3-1	3-1
3-1	3-1	3-1	3-2	3-2	3-2
3	3	3	3	3	3

Fonte: NNANG EBANE Sosthene Tresor

Estas diferentes tabelas mostram que cada par de quatro dígitos constitui as coordenadas de um símbolo. A tabela deve ser lida verticalmente, de cima para baixo. Há um total de 18 símbolos neste conjunto. O símbolo abaixo é uma ilustração perfeita:

Figura: Dzi Ayem

(The Inquisitive Eye)

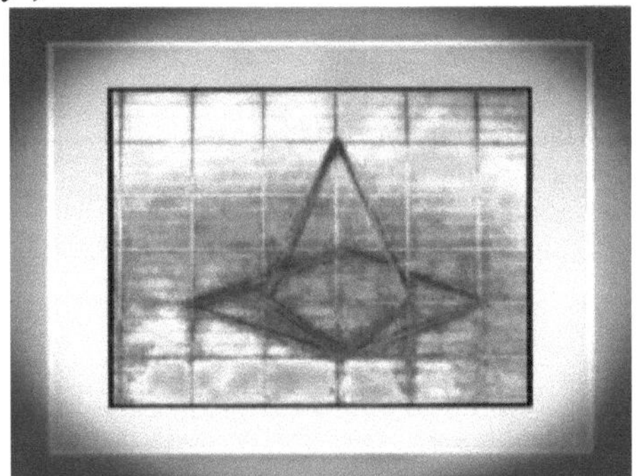

Fonte: NNANG EBANE Sosthene Tresor

O símbolo acima tem coordenadas (1-3; 2-1), pelo que mostra que o triângulo interior se eleva acima do quadrado, enquanto o quadrado (exterior) permanece estável. Esta correspondência descreve efetivamente um triângulo que se eleva acima do quadrado, à imagem de uma face lateral da pirâmide. No que diz respeito ao olho humano, podemos ver que o quadrado simboliza a órbita, enquanto o triângulo indica a pupila que emerge da órbita. Este símbolo parece indicar que o homem precisa de se desligar da realidade terrena para contemplar o mundo celeste, que garante a verdade absoluta. É a expressão por excelência da grandeza espiritual.

c-) Símbolos trinitários

São constituídos por três triângulos que podem mudar constantemente de ordem, quer o primeiro mantenha o valor 1(1-1), o segundo o valor 2(2-2) e o terceiro o valor 3(3-3), quer estes valores possam ser invertidos em qualquer altura, de modo a que o primeiro tenha o valor 3(1-3), o segundo o valor 1(2-1), o terceiro o valor 2(3-2), e assim sucessivamente. É preciso dizer que esta rotação numérica mostra que não há evolução no universo. De facto, os mesmos elementos sucedem-se uns aos outros, tal como os dias da semana e a genealogia. É esta monotonia que leva os pensadores Ekang a procurar um mundo único, sem qualquer variação. Por isso, Mvet não é passado, nem presente, nem futuro, mas é. O quadro estatístico seguinte dá uma visão geral dos valores numéricos dos símbolos trinitários:

c-1) símbolos tripartidos

Os três triângulos não têm nada em comum, exceto o seu centro inferior. No entanto, cada um deles tem um valor de altura particular, de acordo com os estribilhos do instrumento Mvet Oyeng.

Tabela numérica dos símbolos trinitários

1		2				3		
1-1 2-2 3-3	1-2 2-1 3-3	1-3 2-1 3-2	2-1 1-2 3-3	2-2 1-1 3-3	2-3 1-2 3-1	3-1 1-2 2-3	3-2 1-3 2-1	3-3 1-1 2-2
1-1 2-3 3-2	1-2 2-3 3-1	1-3 2-2 3-1	2-1 1-3 3-2	2-2 1-3 3-1	2-3 1-1 3-2	3-1 1-3 2-2	3-2 1-1 2-3	3-3 1-2 2-1
1-1 2-3 3-3	1-2 2-3 3-3	1-3 2-3 3-3	2-1 1-3 3-3	2-2 1-3 3-3	2-3 1-3 3-3	3-1 1-3 2-3	3-2 1-3 2-3	3-3 1-3 2-3
3	3	3	3	3	3	3	3	3

Fonte: NNANG EBANE Sosthene Tresor

Esta tabela pode ser lida verticalmente, de cima para baixo. O principal objetivo deste estudo é fornecer uma visão abrangente dos vários símbolos que podem ser obtidos a partir da estrutura interna da Mvet. É também importante estudar a numerologia da Mvet para a compreender e comparar com outros instrumentos religiosos. Temos um total de vinte e sete símbolos: 3*9=27 ou 9+9+9=27. Os símbolos apresentados incluem triângulos numa postura fractal. O símbolo abaixo é uma ilustração perfeita desta afirmação:

Figura: Bibulu

(O sexo de uma mulher)

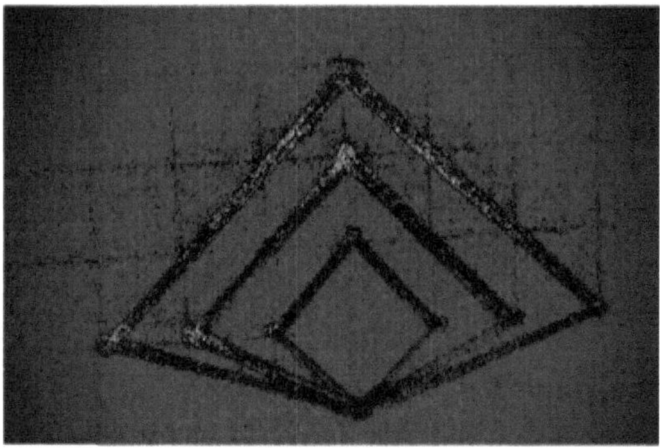

Fonte: NNANG EBANE Sosthene Tresor

As suas coordenadas são os seguintes valores numéricos: (1-1;2-2;3-3). É um símbolo trinitário. É uma reprodução fiel da disposição das cordas do instrumento Mvet. Note-se que o primeiro triângulo é menos saliente que o segundo, e que o segundo é também menos saliente que o terceiro. O conjunto de triângulos representa uma evolução simultânea, uma zona de emissão de ondas num ecrã de radar, ou as curvas que indicam o nível de volume de um amplificador.

c-2) duplas combinadas:

Estes símbolos são quase idênticos aos anteriores, exceto que as coordenadas podem ser invertidas, mas relacionam sempre o tripleto 123. A tabela seguinte é um exemplo claro do que foi dito acima:

Tabela numérica dos símbolos trinitários

1			2			3		
1-1	1-2	1-3	2-1	2-2	2-3	3-1	3-2	3-3
3-3	3-3	2-3	3-3	3-3	1-3	1-2	1-2	2-2
2-2	1-2	1-2	2-1	1-1	2-1	2-3	3-1	1-1
1-1	1-2	1-3	2-1	2-2	2-3	3-1	3-2	3-3
2-3	1-3	1-3	2-3	1-3	1-3	3-2	3-2	1-2
3-2	3-2	2-2	3-1	3-1	2-1	2-1	2-1	2-1
1-1	1-2	1-3	2-1	2-2	2-3	3-1	3-2	3-3
3-3	3-3	3-3	3-3	3-3	3-3	3-2	3-2	3-2
3-2	3-2	3-2	3-1	3-1	3-1	3-1	3-1	3-1
3	3	3	3	3	3	3	3	3

Fonte: NNANG EBANE Sosthene Tresor

Esta tabela pode ser lida verticalmente, de cima para baixo. O principal objetivo deste estudo é fornecer uma visão abrangente dos vários símbolos que podem ser obtidos a partir da estrutura interna da Mvet. É também importante estudar a numerologia da Mvet para a compreender e comparar com outros instrumentos religiosos. Há um total de vinte e sete símbolos em cada tabela, ou seja, 3*9=27 ou 9+9+9=27. O símbolo abaixo é uma boa ilustração do que foi dito acima:

Figura: Awoum (O rio)

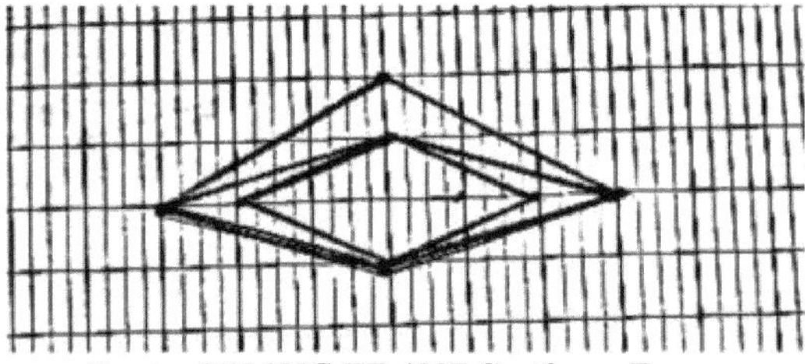

Fonte: NNANG EBANE Sosthene Tresor

Este símbolo combina um olho com um triângulo que se eleva acima dele. O conjunto revela também uma pirâmide com uma base quadrada, cuja altura é apagada para permitir uma visão luminosa da sua base. Não há dúvida de que os símbolos do alfabeto piramidal foram concebidos para levar o olhar humano à estrutura física que é a pirâmide. Simboliza, portanto, uma visão suprema do universo, a conquista ideológica do poder. Este símbolo tem as coordenadas (3-3; 3-2; 1-1).

c-3) estática:

São obtidos adicionando todos os triângulos num vértice principal. Por outras palavras, os triângulos internos e externos partilham um vértice comum. O tripleto 123 é expresso unanimemente através destes diferentes símbolos. O quadro estatístico seguinte ilustra esta apreciação:

Tabela numérica dos símbolos trinitários

1		2				3		
1-1 2-1 3-1	1-2 2-1 3-1	1-3 2-1 3-1	2-1 1-1 3-1	2-2 1-1 3-1	2-3 1-1 3-1	3-1 1-1 2-1	3-2 1-2 2-1	3-3 1-1 2-1
1-1 2-2 3-2	1-2 2-2 3-2	1-3 2-2 3-2	2-1 1-2 3-2	2-2 1-2 3-2	2-3 1-2 3-2	3-1 1-2 2-2	3-2 1-2 2-2	3-3 1-2 2-2
1-1 2-3 3-3	1-2 2-3 3-3	1-3 2-3 3-3	2-1 1-3 3-3	2-2 1-3 3-3	2-3 1-3 3-3	3-1 1-3 2-3	3-2 1-2 2-3	3-3 1-3 2-3
3	3	3	3	3	3	3	3	3

Fonte: NNANG EBANE Sosthene Tresor.

Esta tabela pode ser lida verticalmente, de cima para baixo. O principal objetivo deste estudo é fornecer uma visão abrangente dos vários símbolos que podem ser obtidos a partir da estrutura interna da Mvet. É também importante estudar a nurmerologia da Mvet para a compreender e comparar com outros instrumentos religiosos. Há um total de vinte e sete símbolos em cada tabela: 3x9=27 ou 9+9+9=27. O símbolo seguinte é uma ilustração perfeita:

Figura: Elam ye ngnol

(A luz do corpo)

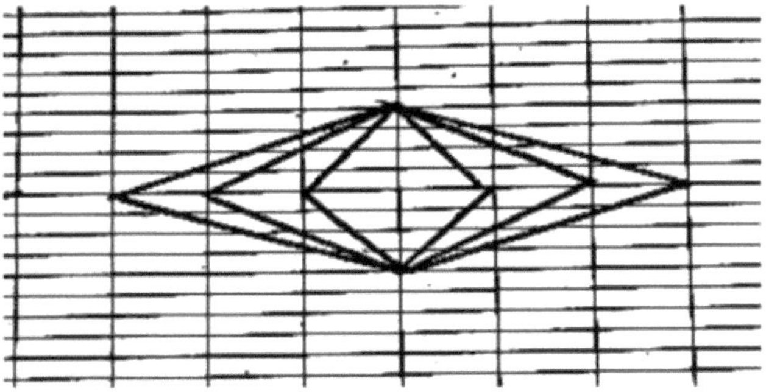

Fonte: NNANG EBANE Sosthene Tresor.

O símbolo atual, chamado Elam Ye Ngnol, é sem dúvida um símbolo trinitário, mas os três triângulos partilham um vértice comum. As suas coordenadas são 1-1, 2-1, 3-1. Corresponde a um olho aberto, pelo que simboliza a luz do corpo, como o seu nome indica. Na realidade, é uma regressão dos três triângulos em quadrados. O primeiro está inscrito no segundo, e o segundo está inscrito no terceiro. Estão dispostos por ordem ascendente e descendente.

c-4) estática combinada:

Foi mostrado acima que os símbolos estáticos combinados envolvem a união de três triângulos, dos quais apenas dois partilham um vértice comum. No entanto, a situação atual é específica, na medida em que incide sobre um triângulo capaz de se dividir em três dimensões. O quadro estatístico seguinte ilustra este aspeto particular:

Tabela numérica dos símbolos trinitários

1			2					
1-1	1-2	1-3	2-1	2-2	2-3	3-1	3-2	3-3
1-3	1-3	1-3	1-3	1-3	1-3	1-2	1-2	1-2
1-2	1-2	1-2	1-1	1-1	1-1	1-1	1-1	1-1
1-1	1-2	1-3	2-1	2-2	2-3	3-1	3-2	3-3
2-3	2-3	2-3	2-3	2-3	2-3	2-2	2-2	2-2
2-2	2-2	2-2	2-1	2-1	2-1	2-1	2-2	1-2
1-1	1-2	1-3	2-1	2-2	2-3	3-1	3-2	3-3
3-3	3-3	3-3	3-3	3-3	3-3	3-2	3-2	3-2
3-2	3-2	3-2	3-1	3-1	3-1	3-1	3-1	3-1
3	3	3	3	3	3	3	3	3

Fonte: NNANG EBANE Sosthene Tresor

Esta tabela pode ser lida verticalmente, de cima para baixo. O principal objetivo deste estudo é fornecer uma visão abrangente dos vários símbolos que podem ser obtidos a partir da estrutura interna da Mvet. É também importante estudar a numerologia da Mvet para a compreender e comparar com outros instrumentos religiosos. Há um total de vinte e sete símbolos em cada tabela: 3x9=27 ou 9+9+9=27. O símbolo que se segue ilustra perfeitamente esta afirmação:

Figura: Aba Medzo

(A casa de guarda)

70

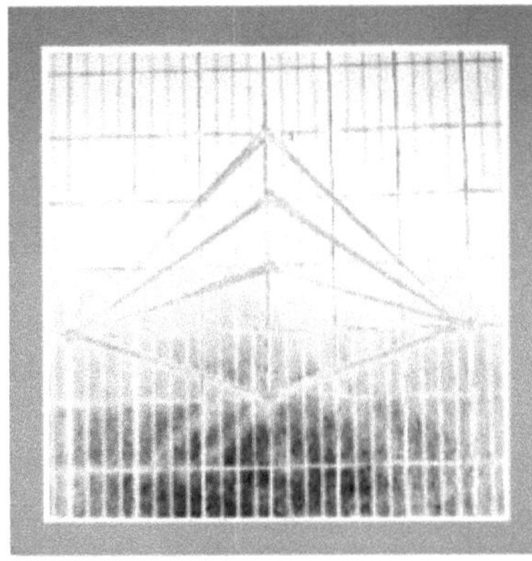

Fonte: NNANG EBANE Sosthene Tresor

O símbolo acima mostra uma pirâmide fragmentada com uma base quadrada. De facto, os símbolos da trindade combinada podem ter uma única origem angular ou origens angulares diferentes, mas dois triângulos podem partilhar um vértice comum. Neste caso, a origem angular é comum a um único triângulo com diferentes vértices ou vértices trígonos. Todos estes símbolos mostram que a pirâmide tem várias formas, e que o instrumento Mvet é uma arte que se transcende a si própria. Isto mostra mais uma vez que o instrumento Mvet é percepcionado como uma realidade fixa quando visto do exterior, mas a natureza móvel das cordas exprime-se muito para além da sua simples perceção externa. É a expressão de realidades universais que são simultaneamente fixas e móveis.

NB: Os símbolos do alfabeto piramidal são tão numerosos que constituiriam um livro inteiro. Por exemplo, já não devemos considerar um centro comum para os triângulos, permitindo que cada um deles seja representado de forma independente, mas num único plano. O símbolo seguinte é semelhante ao da famosa marca "Umbro":

Figura: Abora
(Obrigado)

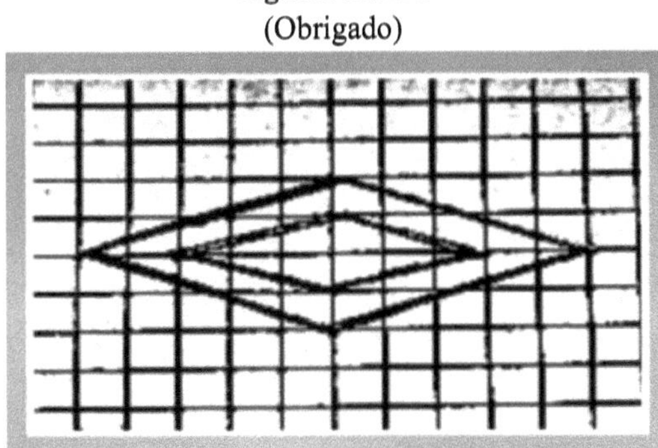

Fonte: NNANG EBANE Sosthene Tresor

O símbolo Abora mostrado acima é um símbolo binário, representando um pequeno quadrado inscrito dentro de outro. Este símbolo é estranhamente semelhante ao olho humano e à sua boca. No que respeita à pirâmide, refere-se naturalmente à sua base, sem qualquer relação com os triângulos. É evidente que a Mvet contém inúmeras maravilhas que nem mesmo este livro pode conter, mas podemos contentar-nos com o que nos é oferecido aqui.

9-) visão geral estática dos símbolos

Esta é uma apresentação mais pormenorizada do estudo baseado na organização interna do instrumento Mvet Ekang. Recorde-se que se trata de um instrumento composto por 3 cordofones, que é assim tomado como ilustração, antes de pretender projetar-se nos que contêm mais. Trata-se, portanto, de uma síntese estatística.

Quadro recapitulativo dos dados de contacto

	Símbolos das unidades	Símbolos binários	Símbolos trinitários
	1	18	27
	1	18	27
	1	18	27
		18	27
Número de presenças	3	4	4
		9-9	9-9-9
		9-9	9-9-9
		9-9	9-9-9
		9-9	9-9-9
Número de presenças		8	12
		3+3+3+3	3+3+3+3+3+3+3+3+3
		3+3+3+3	3+3+3+3+3+3+3+3+3
		3+3+3+3	3+3+3+3+3+3+3+3+3
		3+3+3+3	3+3+3+3+3+3+3+3+3
Número de presenças		16	36

Fonte: NNANG EBANE Sosthene Tresor

De acordo com esta tabela estatística, existem três (3) símbolos "unitários", ou seja, 3x1=3, setenta e dois (72) símbolos "binários", ou seja, 18x4=72, e cento e oito (108) símbolos "trinitários", ou seja, 27x4=108. No total: 3+72+108=183 símbolos. Note-se também que os números que aparecem como símbolos evoluem de 3 para 4, tal como a base da pirâmide evolui de um triângulo para um quadrado. Deste modo, podemos ver que o número 4 é a própria expressão da revolução constante e estagnada. É por isso que se fala de "estagnação numérica do crescimento". Assim: 4+4=8+4=12 +4= 16+4=20+4=24+4= 28+4=32+4=36. Tendo em conta o que precede, o número 4 é a unidade orientadora desta condensação numérica. Ele simboliza, evidentemente, os quatro pontos cardeais que nos permitem situarmo-nos geograficamente. Mas, para além disso, podemos evidentemente constatar que o homem está sempre à procura do seu lugar ao longo da sua vida: encontrar o emprego certo, a mulher certa, os amigos certos, as séries de televisão de qualidade, a bebida de eleição, etc. É preciso dizer que o número 4 é um pouco equívoco. É preciso dizer que o número 4 mostra que a raça humana está constantemente a viajar através das suas muitas variações. A nossa vida terrena e espiritual coloca-nos num caminho que nos conduz a lugares que não podemos nomear por falta de conhecimento.

Esta tabela é igualmente útil para calcular o número de símbolos que um instrumento Mvet pode conter, com base no número de perfurações que possui. Note-se que o instrumento tem perfurações laterais e horizontais, pelo que o valor horizontal é o dobro do valor lateral. Daí a designação h para o valor horizontal e v para o valor lateral. Definimos h = (n*2)+1, enquanto v = h -n, onde n se refere ao número de perfurações na Mvet. Se um instrumento tiver 18 perfurações, e quisermos encontrar o número de símbolos que ele contém, definimos: h =(18*2)+1=36+1=37,ou 37=36+1. Daí:

	Símbolos das unidades	**Símbolos binários**	**Símbolos trinitários**	**Total**
nível 1	1	18	18	37
grau 2	1	18	18	37
grau 3	1	0	18	19

Fonte: NNANG EBANE Sosthene Tresor

Esta tabela mostra que a trindade é obtida pela adição da unidade à dualidade. Podemos ver que a trindade é zero na dualidade, porque tem uma unidade de gota.

Por isso dizemos:

grau1: 36+36+1=73

grau2: 36+36+1=73

grau3: 36+0+1=37

Daí: 37+73+73=183

A Mvet, que tem 18 perfurações, contém 183 símbolos. Estes constituem o alfabeto piramidal.

Exemplo 2:

Para a Mvet com 15 perfurações, h =(15x2)+1=30+1=31, V =31-15=16. Isto dá: (15+1)+(15+15+1)+(15+15+1)=16+31+31=78. Existem 78 símbolos para a Mvet, que tem quinze (15) perfurações. O número de símbolos que encontrámos foi 183, porque nos concentrámos na trindade ou no triângulo. Continuamos a trabalhar com a mesma ideia, que é mostrar que o quadrado e o triângulo estão intimamente relacionados e que os seus valores numéricos são os números 3 e 4. Para isso, vamos elaborar o número de símbolos por correspondência unitária, binária, trinitária e quarto:

a-) símbolos de unidades:

-Unidade: 1
-Binário: 18
-Trinitário: 27.
Note-se que os símbolos das unidades não correspondem ao número 1, mas a cada número dos três conjuntos. Assim, temos: 1+18+27=46. É este número que constitui o grau de revolução em cada conjunto. Assim, 46+0=46

b-) símbolos binários:

-Unidades: 1+1=2
-Binário: 18+18=36
-Trinitário: 27+27=54
Daqui podemos ver que a dualidade implica a adição da unidade por si mesma. Obtemos assim o seguinte par trinitário: 2+36+54=92. Ou 46+46=92 ou 46x2=92

c-) Símbolos trinitários:

-Unidades: 1+1+1=3
-Binário: 18+18+18=54
-Trinitário: 27+27+27=81
Daqui se depreende que a Trindade implica a adição da unidade por si mesma, em três dimensões. Isto dá-nos o seguinte par trinitário: 3+54+81=138. Ou 46+46+46=138 0u 46x3=138

d-) símbolos de quarto:

Esta situação define o estudo do número de símbolos, desde os símbolos trinitários até aos símbolos quarto. Os exemplos que se seguem ilustram perfeitamente este transbordo de funções.
Exemplo 1:
-Unidades:1+1+1= 3
-Binaire:18+18+18+18=72
-Trinitário: 27+27+27+27=108
A partir daqui, podemos ver que o quarto implica a adição da unidade por si mesma, em quatro dimensões. Isto dá-nos o seguinte par trinitário: 3+72+108=183.

ou

Símbolos quarto:

Exemplo 1:
-Unidades: 1+1+1+1+1=4
-Binário: 18+18+18+18+18=72
-Trinitário: 27+27+27+27=108
Daqui podemos ver que o quarto implica a adição da unidade por si mesma, em quatro dimensões. Obtemos assim o seguinte par trinitário: 4+72+108=184.
De onde estamos a posar:
Exemplo 2:
Q=(nx3)+n-1 AN: Q=(46x3)+46-1=138+45=183.
Exemplo2:

Q=(nx3)+n AN: Q=(46x3)+46=138+46=184, ou

Q=nx4 AN: Q=46x4=184.

Os exemplos acima mostram que os números 3 e 4 se fundem porque um implica a presença do outro. Por outras palavras, o triângulo é um quadrado em que o ângulo em falta não está representado de forma concreta, mas isso não significa que esteja ausente. Da mesma forma que o quadrado é um triângulo que se manifesta através da diagonal que une os dois ângulos opostos. Por outras palavras, a diagonal serve de simetria ortogonal num quadrado e num triângulo em relação ao vértice do ângulo a que se opõe. Por outras palavras, o número quatro pode ser evocado e não expresso, assim como pode ser evocado e expresso, dependendo do número que é enfatizado. No primeiro exemplo, estamos evidentemente a falar do número 4, mas a ênfase é colocada no número 3, enquanto no segundo caso, a ênfase é colocada no próprio número. Note-se também que, quando contamos o número 4 com os dedos, há exatamente 3 intervalos entre eles, pelo que o número 4 é a expressão "física" do número 3, que é "invisível". É este último que o instrumento realça através do número de cordofones, que é na realidade um valor numérico intervalar, para dar expressão ao invisível. A matemática e a espiritualidade não podem, portanto, ser dissociadas. Este cálculo permite decompor os números em ordens de três e quatro algarismos, a fim de facilitar a sua adição mental. A metamorfose do quadrado num triângulo, ou do triângulo num quadrado, é também expressa numericamente, como 3+1=4 ou 4-1=3.

III-) A MÁSCARA DE PUNU

Fontes: https : //www.art-masque-
africain.com/images/2017/12/4819-orig.jpg

Uma memória
reconhecimento no local de
o nosso falecido colega de turma
AYITO OKOU Laurence Valeska
(Liceu Público Moise NKOGHE MVE)

1-) Observação do bordo vertical

Para além dos instrumentos musicais dedilhados, verificou-se que até as máscaras incorporam nos seus seios elementos matemáticos relacionados com o hexagrama. Esta representação é uma compilação de numerosas formas geométricas generalizadas nas artes gabonesas, e aparece apenas a meio. O reflexo faz parte da perspetiva da reconstrução total da figura geométrica a partir da sua metade. É, portanto, indispensável efetuar uma análise detalhada do objeto de estudo:

"Diz-se que as máscaras Mukuyi representam os antepassados, por vezes femininos. O rosto enigmático da máscara é ligeiramente triangular. Sob os olhos fechados e amendoados, inchados como se estivessem a dormir, as maçãs do rosto altas são arredondadas (....). O padrão mais comum, em forma de escamas, é constituído por nove losangos".

Este parágrafo descritivo sobre a arte religiosa mergulha sem sombra de dúvida no coração da ciência da matemática, através do triângulo e do losango. É importante ir mais longe nesta direção, apresentando ao mesmo tempo explicações suplementares para compreender a arte escultórica como um objeto puramente matemático. A imersão total nos seus traços característicos é de importância primordial.

Se olharmos com muita atenção para a máscara Punu, podemos ver que ela tem um quadrado composto por 9 pequenos diamantes internos. No entanto, seria interessante perceber os diferentes contornos desta figura geométrica. De facto, ela é composta por 9 losangos em forma de escamas, que se referem ao valor interno (VI). O valor externo (VE) é 4, o comprimento do lado do azulejo. O método de cálculo utilizado para produzir esta figura consiste em subtrair uma unidade ao valor externo (VE) e depois adicionar o resultado ao quadrado (VI). ^{Ал}Utiliza-se a seguinte equação: n-1=x 2 aplicação numérica: 4-1=3 2=9.

Vejamos mais de perto esta explicação matemática:

* o número 5

5-1=хЛ2 aplicação numérica: 5-1=4 л2=16

* o número 6

Suponha: n-1=хЛ2 aplicação numérica: 6-1=5Л2=25

* o número 7

^{Ал}Digamos: n-1=x 2 aplicação numérica: 7-1=6 2=36

* o número 8

Assumir: п-1=хЛ2 aplicação numérica: 8-1=7Л2=42

* o número 9

п-1=ХЛ2 aplicação numérica: 9-1=8Л2=64

Em suma, o valor externo VE deste quadrado é 4, ou seja, 4 cm de comprimento, e o valor interno é 3, pelo que o quadrado é 9. As 9 escalas em forma de losango referem-se ao valor interno, que é sempre superior ao quadrado.

Até agora, seria difícil compreender por que razão o quadrado está representado no centro da máscara, ou seja, no centro da testa, porque é necessário acrescentar outros factos para o fazer. A abordagem exige uma explicação em termos da relação lógica entre as formas, por um lado, e os números, por outro, ou entre as formas e figuras geométricas e a álgebra.

2-) O triplo da subida e da construção

A aresta vertical só pode ser construída com base no tripleto numérico de subida, cuja fórmula matemática é: $T(n)=n+(n+1)+n$. De acordo com qualquer aplicação numérica, teremos: $T(5)=5+(5+1)+5=5+6+5$, ou seja, n valores de 5. Note-se que o algarismo central é sempre maior do que os algarismos circundantes por uma pequena unidade. O quadrado vertical impõe, portanto, uma inversão de papéis ou simplesmente uma alternância de valores numéricos. O chamado valor central fica fora do quadrado vertical, enquanto o pequeno valor (o limite simétrico) ocupa o centro, e é sempre maior do que o quadrado. As extremidades passam a ocupar o centro, e o centro passa a ser as extremidades: $T(5)=5+6+5$ é igual a $T(5)=6+(5*5)+6$ é igual a $T(5)=6+25+6$. A fórmula matemática correspondente a este tripleto em relação ao quadrado é assim $T(n)=(n+1)+(n*n)+(n+1)$, sendo que $T(5)=(5+1)+(5*5)+(5+1)=6+25+6$. É portanto necessário acrescentar uma unidade a cada um dos terminais simétricos para corresponder à unidade central e multiplicar o terminal simétrico pelo seu homólogo para obter um novo valor central. Assim, passamos de $5+6+5$ a $6+25+6$, do tripleto da subida ao tripleto do quadrado, mas consideramos apenas um dos terminais simétricos e o valor central do quadrado para definir a configuração deste último, $6+25$ ou $25+6$.

Mais explicitamente, o número 6 corresponde ao comprimento dos lados do azulejo, enquanto o número 5 define o número de quadrados internos do azulejo. Assim, se o lado de um azulejo tiver 6 cm de comprimento, ele tem 25 quadrados.

3-) Os trigémeos e o retângulo

Recorde-se de passagem que o triplo numérico da regressão ($T(n)=n+1+n$) precede sempre o da subida ($T(n)=n+(n+1)+n$), porque permite a construção do retângulo no interior do qual se forma o quadrado vertical. O segundo é, portanto, interno ao primeiro, ou o primeiro é externo a ele (envolve) o segundo. Em termos práticos, o tripleto $5+1+5$ é externo e antecedente ao tripleto $5+6+5$, que é interno. É o chamado tripleto ascendente que define a congregação aritmética da aresta vertical, ou seja $T(n)=(n+1)+(nxn)+(n+1)$, logo $T(5)=(5+1)+(5x5)+(5+1)=6+25+6$.

O retângulo que passa por estes triângulos tem 11 cm de comprimento e 6 cm de largura, enquanto o quadrado tem 6 cm de comprimento. A largura do retângulo é igual ao comprimento do quadrado, daí a presença do quadrado no retângulo.

O bordo da máscara de Punu está inscrito num retângulo de 7 cm de comprimento e 4 cm de largura, pelo que a mesma medida faz o comprimento dos bordos do bordo.

É importante sublinhar que os trigémeos numéricos utilizados neste esquema provêm apenas de números ímpares. No exemplo acima, é o número 11 que é posto em evidência. Basta considerar um dos limites adjacentes e adicioná-lo ao número central para o definir, ou seja, 5+6=11.

O quadrado vertical em que se encontram os blocos de escamas em forma de diamante na máscara de Punu está, na realidade, inscrito num retângulo. Este quadrilátero não está, portanto, presente na máscara, provavelmente por razões que desconhecemos. No entanto, pode argumentar-se que o conhecimento não está ao alcance de todos, pelo que é preciso ter curiosidade para o descobrir. É um único elemento que está representado e é preciso partir dele para descobrir o resto, como o africano que traça a sua árvore genealógica a partir de si próprio, ou seja, a partir do nome que tem, até ao seu antepassado mais distante. Esta fase da análise pode ser colocada na perspetiva de uma hipótese, enquanto se espera para descobrir o que vai acontecer a seguir.

4-) A configuração aritmética do retângulo

No entanto, observou-se que a escultura já não aparece com um losango (quadrado vertical) na testa e nos lados, mas sim com um retângulo em forma de losango na testa acompanhado de dois rectângulos verticais, um de cada lado. O retângulo central é maior do que os verticais, que são semelhantes. Esta configuração particular faz lembrar a meia cabaça central do instrumento Mvet Ekang, que é maior do que as cabaças circundantes. Podemos ver que o número de blocos de losango já não é o mesmo que o quadrado que o compõe, mas sim um número que não se baseia em quadrados perfeitos, ou seja, 12. A associação do quadrado vertical e do retângulo manifesta-se assim como pertencendo a uma única forma geométrica, sem no entanto estabelecer qualquer relação lógica com ela. É, pois, interessante compreender esta mudança súbita. Vejamos mais de perto a sublime fotografia que se segue:

A máscara de Punu

79

Fontes: https : //www.art-masque-africain.com/images/2017/12/4819-orig.jpg

Os blocos de losangos evoluem em duas ordens: na ordem do 4 e na ordem do 3. Podemos ver que o número 3 aparece 4 vezes e o número também é representado 3 vezes, ou seja, 3x4 ou 4x3=12. Se os considerarmos em conjunto como valores internos VI1 e VI2, de acordo com as respectivas dimensões, então os respectivos valores externos são VE1= 5 e VE2= 4. Trata-se, portanto, de um retângulo de comprimento 5cm e largura 4cm.

É importante compreender que a disposição do retângulo na testa é única para o quadrado. Para além disso, os blocos de diamante em forma de concha não estão na sua posição natural. De facto, plagiando 5 pontos contra 5 no caderno (plano horizontal) e 4 pontos contra 4 na vertical, obtemos um retângulo composto efetivamente por 12 quadrados. No entanto, para obter a postura do quadrado, é necessário recorrer aos triplos numéricos, que são sempre acompanhados do número de quadrados do quadrado.

A primeira máscara de Punu centra-se no quadrado, enquanto a segunda se refere ao retângulo. A primeira coisa a notar é que ambos são quadriláteros, e o primeiro oferece uma visão mais reduzida do que o outro. O carácter complementar destas figuras geométricas explica-se pela noção de tripleto numérico. O primeiro está inscrito no segundo, a partir de uma outra figura geométrica que vamos descobrir. O acaso não existe, porque toda a existência está sujeita a uma programação prévia cuja origem não é necessariamente conhecida pelo elemento recém-criado, nem pelo observador. É preciso que um desapareça para que o outro apareça, mas este outro não é de modo algum diferente do segundo, porque traz em si as suas sementes. O pai está presente no seio do filho, embora seja anterior a este último, assim como através do filho podemos ver o pai, pois são um só. Aquele que honrou o pai acabará também por honrar o filho por amor ao seu progenitor. "As máscaras africanas mostram que a vida é cíclica em torno de uma única energia que sofre inúmeras mutações, mas a pluralidade não deve ser vista como unidade. O mundo procura a luz e não a sua fonte, o que é um erro monumental de que se deve ter pena". A matemática é utilizada como uma linguagem prática e altamente demonstrativa, permitindo uma explicação mais fluida das realidades universais no contexto africano.

5-) Os trigémeos e o triângulo

No que diz respeito às figuras trilaterais, os triplos aritméticos servem obviamente de base para a sua construção. Por outras palavras, determinam o comprimento dos lados e o eixo de simetria que passa pelo centro dos lados. Naturalmente, é necessário definir mais uma vez as suas diferentes fórmulas matemáticas: $T(n)=n+1+n$ e $T(n)=n+(n+1)+n$, cuja aplicação numérica correspondente pode ser, $T(3) = 3+1+3$ e $T(3) = 3+(1+3)+3=3+4+3$. O primeiro tripleto define três pontos alinhados, sem dúvida uma situação de simetria central. O segundo tripleto refere-se a três pontos alinhados numa situação de eixo de simetria. O número 4 no centro do limite de simetria entre 3 e 3 é uma indicação clara deste facto. Numa situação triangular, o primeiro define um triângulo isolado sem a presença de uma linha reta específica. A segunda mostra uma subida meteórica no centro e acima dos limites do ângulo em altura. A coleção inter-africana de matemática 4eme refere que:

"O eixo svmK'lrie de um triângulo isósceles é, ao mesmo tempo, a matriz da sua base, a bissetriz, a altura e o diâmentro que passa pelo seu vértice principal."

A disposição dos cordofones e do cavalo no instrumento tradicional Mvet Ekang permitiu definir estas diferentes triplas, que se enquadram perfeitamente nas configurações do triângulo. Se o documento manuscrito não permite estabelecer uma relação lógica entre a figura geométrica e a interpretação aritmética, a escultura permite. Agora é possível saber as medidas de cada triângulo contido nos instrumentos Mvet Ekang e Ngombi, por exemplo. Se a base tem 7cm de comprimento, então o eixo de simetria passa pelo número 4, dividindo-o em dois comprimentos iguais de 3cm. O número 4 simboliza, portanto, a ponte por onde passam os cordofones, 3 de cada lado, ou simplesmente 3 cordofones se as partes esquerda e direita forem contadas como uma única unidade. Em suma, trata-se de um triângulo isósceles com uma base de 7 cm e dois lados de 3 cm de comprimento cada.

Se observarmos atentamente a primeira e a segunda máscaras Punu, podemos ver que tanto o triângulo como o retângulo estão representados três (3) vezes nelas, na testa e nos lados. As figuras trilaterais dos lados esquerdo e direito simbolizam a base, enquanto a da testa define a altura. A utilização do triângulo na definição descritiva da máscara Punu é, portanto, apenas um perigo:

"A face enigmática da máscara é tegeremento triangular."

A figura geométrica contém inúmeros simbolismos relacionados com a unidade das entidades terrenas com as que vivem nos céus, o que, mais uma vez, confere à máscara um carácter enigmático. Não se trata de uma imagem fixa, mas de uma janela que conduz a factos universais. Ninguém pode pôr em causa o facto de estarmos a viajar dentro desta joia ancestral, que abre as portas à compreensão do universo. No entanto, seria interessante analisar a relação entre o triângulo e o retângulo sob o impulso dos triplos aritméticos.

6-) O triângulo dentro do retângulo

Na introdução a esta observação sobre a obra-prima que é a máscara de Punu, foi dito que o quadrado vertical está inscrito num retângulo virtual, e é este quadrilátero que vamos destacar. No entanto, o triângulo também está inscrito nele, e é este triângulo que dá origem ao quadrado e aos rectângulos cruzados.

O tripleto ascendente T(n)=n+(1+n)+n é utilizado para criar este quadrilátero. A soma de n+1+n simboliza o seu comprimento, enquanto a soma (1+n) se refere à sua largura. Em aplicação numérica, teríamos um comprimento de 5+1+5=11 e uma largura de 6cm, ou seja, 5+6+5. O triângulo que aponta para o nível superior passa pelos ângulos rectos do retângulo, ou nos pontos simétricos inferiores, e aponta para o centro superior (6). O triângulo que aponta para baixo, por outro lado, começa nos ângulos rectos superiores ou nos pontos simétricos superiores e aponta para o centro inferior (6).

Os triângulos que se intersectam formam não só um quadrado vertical no seu centro, mas também dois rectângulos que se intersectam à imagem de linhas rectas. A perceção visual do que precede é da maior importância:

Fig: triângulos inscritos num retângulo

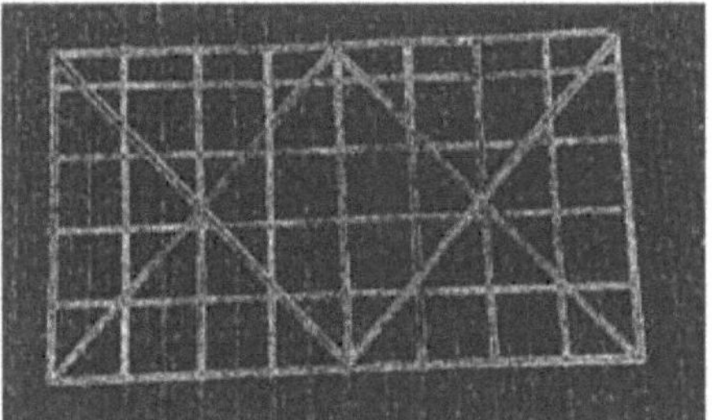

Fonte: NNANG EBANE Sosthene Tresor

O tripleto numérico da ascensão utilizado para criar esta compilação de figuras geométricas é 4+5+4, pelo que a largura é naturalmente 4+1+4. É um retângulo com 9 cm de comprimento e 5 cm de largura, porque 4+1+4=9 e 1+4=5. O valor central do tripleto simboliza a largura do retângulo e o eixo de simetria do triângulo isósceles.

Não há a menor dúvida de que os triângulos que se intersectam formam não só um quadrado dentro deles, mas também dois rectângulos que se intersectam.

A primeira máscara Punu centra-se no quadrado como elemento central desta compilação de figuras geométricas. É o coração da representação, estando presente tanto nas figuras trilaterais como nos rectângulos internos. O quadrado actua como um harmonizador, unificando os opostos.

Embora a máscara mostre um rosto feminino, revela também a masculinidade, porque é a mulher que dá vida, mas esta vida só é possível graças à sua ligação ao homem. Ela é assim o centro que une a criança ao seu progenitor. Ao estudar um elemento de um determinado conjunto, é possível compreender não só o objeto de estudo, mas também o ambiente em que ele evolui.

A segunda máscara de Punu centra-se no retângulo, que também é externo e interno a esta compilação de figuras geométricas. É importante notar que ele ocupa diferentes posturas, tanto naturais como secantes. Funciona como um envelope para o quadrado e o retângulo, ao mesmo tempo que se envolve a si próprio. Vários valores morais podem obviamente ser derivados desta observação:

É importante cuidar dos nossos semelhantes, mas também é preciso ter tempo para nos satisfazermos.

Há alturas na vida em que é preciso saber quando se deve recuar.

A vida é feita de altos e baixos.

Precisamos de refletir no exterior o que somos no interior

E mais.

Nestas frases, vemos um dinamismo simultaneamente crescente e decrescente, onde as formas e figuras geométricas e os números transmitem necessariamente mensagens relacionadas com acontecimentos do quotidiano.

No entanto, é fundamental interessar-se pela exclusão do retângulo externo que dá lugar ao hexagrama.

7-) O hexagrama

Temos de passar desta análise matemática baseada na máscara de Punu para nos concentrarmos num símbolo religioso bem conhecido, a Estrela de David. Hoje em dia, é geralmente conhecido como o símbolo por excelência da religião judaica, mas a abordagem matemática é a única a destacar aqui. Deste ponto de vista, o símbolo mítico apresenta-se sob diversas formas, como bem justifica esta passagem:

"De um ponto de vista puramente eslhelíaco, corresponde ao que chamamos um hexagrama.

Esta forma gëomëtrica pode ser descrita pela sobreposição de dois triângulos, um a apontar para baixo e outro para cima."

Esta definição geométrica do símbolo glorioso enquadra-se perfeitamente na descoberta matemática da máscara de Punu, uma vez que partilham a mesma forma única. É apropriado falar de uma mesma assinatura ou inscrição geométrica, o que certamente cria um paralelo insuspeito entre eles. No entanto, é justo salientar que o hexagrama da nossa abordagem analítica é composto por triângulos isolados, enquanto que as figuras trilaterais conhecidas como equiláteras (Estrela de David) o compõem. Além disso, os pontos dos triângulos ultrapassam as suas bases opostas, ou seja, o retângulo virtual. A perceção de uma imagem da famosa estrela não é de todo abusada para uma melhor compreensão:

Fig: A estrela de David

Fontes: https://www.laportedubonheur.com>história-e-significância...

Tal como acontece com as discrepâncias acima referidas, as mesmas figuras geométricas inscritas no retângulo são exatamente as mesmas no escudo de David. O quadrado está sempre situado no centro dos triângulos equiláteros e dos rectângulos cruzados; em suma, só muda a natureza dos triângulos. Não há dúvida de que este símbolo é um património comum dos povos hebreu e punu. Seria, portanto, difícil dizer exatamente qual destes povos possuía o símbolo antes do outro.

A máscara de Punu é um hexagrama esculpido em madeira e assente num rosto feminino, sem dúvida para referir a sua capacidade de construir uma família e, ao mesmo tempo, de a destruir, com base no simbolismo dos triângulos opostos. De facto, depois de engravidar, só ela pode decidir se interrompe a gravidez ou se a deixa seguir o seu curso. Assim, a escolha da vida revela-se sempre como uma questão da maior importância, que a humanidade deve enfrentar ao longo da sua existência. O livre arbítrio é um dom divino.

8-) O painel luminoso retangular

A noção de triplicidade refere-se geralmente a um único elemento permeado por três formas diferentes; não será correto dizer que o movimento perpétuo tem três entidades: o corpo, a alma e o espírito? A ideia de uma pintura luminosa relaciona-se assim com as variações triplas triangulares observadas num retângulo quadrangular, de acordo com o valor de um dado número tomado como escala de construção. Os triângulos cruzados apontam assim para valores aritméticos diferentes consoante o número tomado como escala de construção. Basta reconsiderar o hexagrama inscrito num retângulo quadrangular para o descobrir de uma forma prática. O exemplo seguinte ilustra perfeitamente este facto:

Fig: o painel luminoso

Fonte: NNANG EBANE Sosthene Tresor

O número 17 é tomado para a escala de construção sob os tripletos 8+1+8 e 8+9+8. Existe um outro truque para definir o grau de estagnação do triângulo conhecendo o seu tripleto de regressão. É necessário subtrair duas (2) unidades à soma do tripleto. Temos: 8+1+8=17 e 17-2=15, logo os triângulos apontam cada um para o valor 15. A curva evolutiva da estagnação triangular é função do valor do seu limite simétrico, pelo que o número 15 aparece 8 vezes em cada vértice. Os triângulos apontam para o valor 120 de acordo com o enquadramento tripartido do triângulo, pois a condensação numérica é 2+4+6+8+10+12+14+(15x8)+14+12+10+8+6+4+2 igual a 56+120+56.

Os triângulos desta pintura luminosa são efetivamente equiláteros, como os da Estrela de David, pois cada lado mede 17 cm. O escudo de David aponta necessariamente para valores aritméticos, pois acreditamos que foi retirado de uma

84

pintura luminosa. Dado que o comprimento do símbolo acima ilustrado é de cerca de 5 cm, e que o tripleto de regressão é 2+1+2, podemos calcular o seu valor estagnado, ou seja, 5-2=3. O azulejo tem 3 cm de comprimento e é composto por 4 azulejos. A tabela luminosa permite reconstituir o antecedente geométrico de um triângulo, de um quadrado ou de um retângulo, em função do seu comprimento ou do número de quadrados que o compõem, atribuindo-lhe um quadro tripartido relativo à sua evolução aritmética. O símbolo pertence assim a uma série de figuras geométricas, das quais foi extraído por razões destinadas a ocultar um certo saber-fazer a uma certa categoria de pessoas, tal como se diz que se regressa necessariamente de um lugar desconhecido antes deste mundo. O geómetra, tal como Deus, tem a capacidade de reintegrar um elemento no seu universo de essência. Nesta perspetiva, a geometria define-se como uma consciência reconstrutiva da pertença de um dado elemento a um grupo familiar. É a saída da unidade para a pluralidade.

A tabela luminosa permite também definir com exatidão a configuração do triângulo que compõe um instrumento Mvet Ekang, em função do número de cordofones que contém. Convém recordar que o cavalete está sempre situado no centro da base a partir da qual os cordofones são efetivamente fixados, de modo que o número da esquerda é igual ao número da direita e serve não só de vértice mas também de túnel para estes últimos. Em termos práticos, o triângulo atual é uma versão geométrica do Mvet Ekang composto por 8 cordofones.

9-) O painel luminoso quadrado

A matriz luminosa sob a moldura do quadrado não é construída com base em triplas aritméticas, mas sim tomando como comprimento qualquer número natural diferente de zero (0). No entanto, a noção de tripleto aparece também em relação às diagonais deste último, que desempenham o papel de eixo de simetria e de base triangular. É de salientar que duas formas geométricas compõem a matriz luminosa, nomeadamente o triângulo, que aparece quatro (4) vezes, e o quadrado, que serve de forma geométrica de base. Vejamos agora a seguinte tabela luminosa:

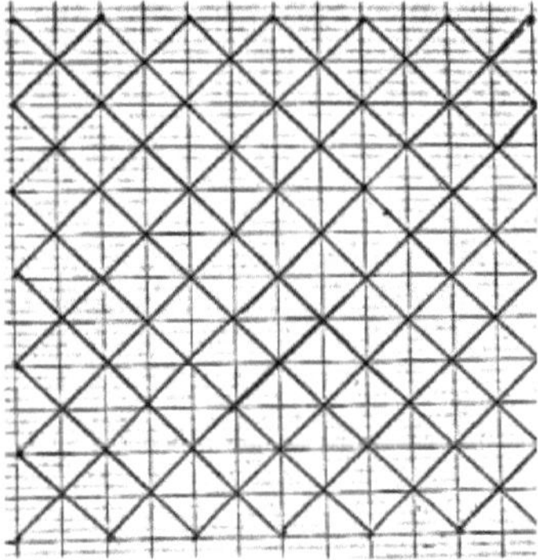

Source: N'NANG EBANE Sosthène Trésor

O resumo numérico desta tabela é o seguinte: 2+4+6+8+10+10+8+ 6+4+2=60, pelo que o número 20 representa o grau de estagnação. Esta estagnação no interior do azulejo concentra-se apenas nas diagonais, formando duas colunas de 10 azulejos cada. A diagonal como eixo de simetria permite reproduzir a imagem de que é a base, ou o infinito, no lado oposto a essa imagem. Assim, o tripleto 20+20+20 mostra efetivamente que o número 20 no centro simboliza a diagonal, enquanto os outros definem as imagens opostas.

As diagonais são também os dois lados superiores de cada triângulo em relação à sua base. Cada um deles tem 15 quadrados e cada um tem 7 cm de comprimento.

10-) Diagonais e estagnação triangular

Foi mostrado acima que o retângulo resulta da modificação do quadrado, de uma perceção em miniatura para uma perceção dita grandiosa, baseada nos triplos numéricos. Nesta nova análise, temos de ilustrar esta metamorfose com base numa relação puramente aritmética. Os dados do retângulo reflectem as leituras diagonométricas do quadrado. Consideremos com particular atenção o seguinte:

Diagonais: $T(n) = n+1+n+T(n) = n+(n+1)+n = Stg(T(M))$. A soma dos tripletos diagonométricos de um dado número é igual à soma da condensação numérica desse número, num conjunto luminoso. Num quadrado de 7 cm de comprimento, o valor das diagonais pelos seus tripletos varia de 5+1+5=11 a 5+6+5=16, logo 11+16=27. A condensação numérica triangular revelada pela tabela luminosa 7 é respetivamente: 2+4+5+5+4+2=27. Por outras palavras, é a evolução numérica das diagonais do quadrado que é revelada na tabela de luz.

O número 8:

Temos: 6+1+6=13 e 6+7+6=19, logo 13+19=32

Condensação numérica: 2+4+5+5+5+4+2=32 ou 5+27=32

O número 9

7+1+7=15 e 7+8+7=22, logo 15+22=37

Esta fórmula matemática relativa à adição de um tripleto descendente com o tripleto ascendente não se ajusta à soma da condensação numérica do número 9 numa matriz luminosa a partir das diagonais do quadrado. Assim, faria sentido escrever: $[(n+1+n)*2]+[n(n+1)+n]$ é igual a $[(7+1+7)x2]+[(7+(7+1)+7)]$ = $15*2+(7+8+7)=30+22$ = 52. Esta diferença deve-se, sem dúvida, ao facto de os números 7 e 8 não serem triplos perfeitos, ou seja, 3+1+3=7 e 3+2+3=8, enquanto o número 9 é um triplo perfeito, 3+3+3=9.

Em última análise, é a leitura das diagonais do quadrado por adição que permite obter a pintura luminosa, que é na realidade um retângulo sob a forma de condensações numéricas triangulares. A diagonal não é mais nem menos do que a base do triângulo dentro do quadrado, que na realidade é composto por quatro figuras trilaterais. Passamos assim de uma configuração de quadrados e triângulos para uma outra conhecida como tripleto: retângulo, quadrado vertical e triângulos cruzados.

11-) Azulejo natural e azulejo vertical

Tendo estabelecido a relação entre o comprimento e o valor interno do quadrado vertical anterior, é agora a vez de o quadrado revelar a sua organização algébrica. Uma imagem deste facto é de importância vital.

O quadrado acima tem 7 cm de comprimento. Tem dois valores internos que sugerem a ideia de ondulação, pois o primeiro é uma unidade mais curto do que o segundo, que é o valor mais longo. São respetivamente menores que o comprimento de dois (2) e de um (1), o que remete para os números 5 e 6. Para calcular o número total de peças, multiplique VI1 por VI2 e VI2 por VI1, e depois some-os. Vtc= (VI1xVI2)+(VI2xVI1) é igual a (5x6)+(6x5)=30+30=60. Para determinar o grau de estagnação da diagonal, Dgst=(VI1+VI2)-1 é igual a (5+6)-1=11-1=10. No total, contamos 4x10=40 como o valor global da estagnação. Note-se, de passagem, que a diagonal inclui um valor numérico inferior ao comprimento do quadrado de uma unidade pequena, ou seja, 6 e 7. A sua soma corresponde exatamente ao número de segmentos de reta paralelos em dimensão fractal que este quadrado comporta, ou seja, 11 numa direção e 44 nas 4 direcções.

Assim, é possível conhecer os números associados a cada algarismo utilizado como comprimento de um determinado quadrado:

O número 8:

VI1:6, VI2:7, Vtc:84, Dgst:12 e 48, VI1+V2:13

O número 9:

VI1:7, VI2:8, Vtc:84, Dgst:14 e 56, VI1+ VI2:15

Pode ver-se que o quadrado vertical tem um valor numérico interno estagnado (---) que é superior ao quadrado. Por outro lado, o azulejo da grelha normal tem dois valores internos que descrevem uma ondulação (   )

continua. A estagnação e a mobilidade são mais uma vez expressas nestes quadrados. As águas de um oceano estão simultaneamente calmas e agitadas, de acordo com as estações específicas da maré, por um lado, e da cheia, por outro, uma clara transposição da morte e da vida para uma perceção comum e regular.

Os triplos diagonómicos são triplos numéricos de ascensão e regressão, em que os mesmos elementos presentes no azulejo ordinário são também os mesmos no azulejo vertical.

12-) Números triangulares e estagnação

Tanto a lua como o sol pertencem a um único céu, apesar de cada um ter a sua hora de glória, ou simplesmente a sua hora de iluminação. Do mesmo modo, os números pares e ímpares pertencem ao domínio da aritmética, mas cada género tem a sua própria especialidade. Convém, portanto, estudar a sua influência numa figura trilateral. Esta análise começará pelos números ímpares.

Exemplo 1: o número 7

Foi demonstrado acima que o azulejo de 7 cm de comprimento tem quatro (4) triângulos compostos por 15 azulejos cada. Além disso, de acordo com a condensação numérica triangular da matriz luminosa, como se segue: 2+4+5+5+4+2=27, a estagnação é de 15°.

Exemplo 2: o número 9

O quadrado tem 9 cm de comprimento e contém triângulos com 28 quadrados cada. Os dados da caixa de luz retangular também revelam uma estagnação idêntica a este número: 2+4+6+7+7+7+7+6+4+2. O número 7 aparece 4 vezes, o que remete para o número 28.

No caso dos números ímpares, os triângulos apontam para o mesmo valor que compõe o número de quadrados que contêm. Reflectem assim os seus valores interiores a partir do exterior. Os valores aritméticos das figuras trilaterais são exatamente os mesmos, tanto no quadrado luminoso como no retângulo luminoso. Esta é uma lição de moral muito instrutiva: exponhamos o que somos realmente no nosso interior. O triângulo é mais frequentemente conhecido como uma figura de tamanho, mas são exatamente estas diferentes construções que o demonstram ainda melhor. Sob o prisma dos tripletos aritméticos, os números ímpares são definidos como a alma das figuras trilaterais, porque estão conspicuamente ausentes destas formas ocas. O não-dito é algo que deve ser procurado pelo observador ávido.

No entanto, também é importante considerar a configuração dos números pares. A ideia é estabelecer uma correspondência entre o número de quadrados de um triângulo e o seu grau de estagnação. Trata-se, portanto, de uma relação interna e externa que vem à tona. A questão que se coloca é: como determinar o valor interno de um triângulo conhecendo o seu grau de estagnação, ou como determinar o grau de estagnação conhecendo o valor interno? O grau de estagnação de que estamos a falar está relacionado com o número que pode ser visto através da condensação numérica do painel luminoso. Esta configuração particular centra-se exclusivamente nos números pares.

Os números pares têm uma configuração diferente da anterior. Isto deve-se ao facto de o valor interno do triângulo diferir numa pequena unidade do grau de estagnação triangular numa imagem luminosa correspondente. É importante compreender que os números pares não têm um centro de equilíbrio igual a 1. Dgst (grau de estagnação)=Vt (valor triangular)-1.

Considere as seguintes figuras:

Exemplo 1: o número 4

Valor triangular: 3

Grau de estagnação: 2

Exemplo 2: o número 6

Valor triangular 10

Grau de estagnação: 9

Exemplo 3: o número 8

Valor triangular: 21

Grau de estagnação: 20

O último exemplo conta quatro (4) vezes o número cinco (5) repetido consecutivamente. Temos: 2+4+5+5+5+4+2=32. O número 5 simboliza o grau de estagnação do triângulo, a partir do qual cada figura trilateral aponta necessariamente para um valor aritmético exato de acordo com tal e tal medida tomada para o comprimento dos seus lados. Tanto o número 8 como o número 7 têm o mesmo valor de estagnação 5.

Para os números ímpares: o número de quadrados contados num triângulo é igual ao seu grau de estagnação no conjunto luminoso, pelo que Vt=Dg.

No que diz respeito aos números pares, o valor numérico de um triângulo é superior ao do seu grau de estagnação num conjunto luminoso de unidades pequenas, pelo que Dg=Vt-1.

13-) Tripleto diagonal e estagnação triangular

A relação entre o quadrado luminoso e o retângulo luminoso baseia-se nos triplos diagonais e na estagnação triangular. O grau de estagnação de um determinado triângulo pode ser determinado a partir do triplo diagonal da ascensão do quadrado. O grau de estagnação é simplesmente a revisão para baixo da figura central ou do número do tripleto de ascensão. Temos 5+6+5=16, a partir do qual se coloca 5+(6-1)+5=5+5=15, designando a estagnação angular direita do triângulo. O triângulo aponta para um valor de 15° de acordo com os acordes do número 7. Assim, o tripleto crescente 5+6+5 define a evolução das diagonais de um quadrado cujo lado tem 7 cm de comprimento.

A fórmula matemática adequada é definida do seguinte modo: Stg(n)=n-1+(n-1)+n

Exemplo 1: o número 5

stg(4)=4-1+(4-1)+4-1=3+3+3=3 x 3=9

Os triângulos apontam para os 9° superiores e inferiores.

Exemplo 2: o número 7

stg(6)=6-1+(6-1)+6-1=5+5+5=3 x 5=15.

Os triângulos apontam para os 15° superiores e inferiores.

Exemplo 3: o número 9

Stg(8)= 7+[8-1+(8-1)+8-1]= 7+(7+7+7)=7+(3x7)=7+21=28

Os triângulos apontam para os 28° superiores e inferiores.

É preciso ter sempre em conta que, num quadrado, a diagonal principal ou central é simbolizada por um valor aritmético que é sempre inferior ao comprimento do lado do quadrado de uma unidade pequena. Assim, os valores estagnados denotados por Stg(n) designam as diagonais de cada número.

No entanto, é importante sublinhar de passagem que o tripleto diagonal apenas fornece informações sobre os três primeiros algarismos ou números que compõem os valores triangulares estagnados de um determinado algarismo ou número. Por isso, recomenda-se vivamente que se consulte sempre a tabela luminosa para saber quantas vezes aparece o algarismo ou número estagnado. O primeiro número 7 do terceiro exemplo é uma adição da caixa luminosa retangular para definir o valor aritmético real de estagnação do número 9.

IV-) SONGO

Fonte :https://www.wikipedia.org>wiki>le-songo

1-) tripletos aritméticos e paralelismo

A triplicidade parece ser uma das noções comuns a todos os objectos de estudo registados na presente abordagem analítica, através da observação a olho nu. Suspeita-se que a espinha dorsal do Songo, ou do jogo de cálculo da família das sementeiras, seja extraída de uma figura geométrica que tende gradualmente a emergir. No entanto, seria sem dúvida prudente determo-nos primeiro na segunda perceção do número 7, para melhor fazer emergir a outra face do objeto de estudo, o Songo:

"É jogado por dois jogadores e está dividido em 2 territórios. Cada lado é composto por 7 quadrados.

De facto, o número baseia-se em tripletos aritméticos cuja decomposição revela um equilíbrio perfeito entre os valores, com o da extrema direita e o da extrema esquerda, em relação a um valor central que é sempre igual a um (1). Observe-se o tripleto de regressão: T(n)=n+1+n é igual a T(3)=3+1+3=7. Esta decomposição revela noções geométricas como a simetria central, a simetria ortogonal, a perpendicularidade, as figuras trilaterais (triângulos), etc. A passagem da visão monopartida da figura para uma outra, chamada tripartida, mostra que a multiplicidade está presente na unidade, e que a unidade também se manifesta na diversidade. Os quadrados do Songo são múltiplos do ponto de vista contabilístico, mas já não são objectos, como uma perceção global. Só os números ímpares têm esta configuração. Os números pares, pelo contrário, têm uma unidade simétrica diferente de 1. A triplicidade é uma perceção alargada ou compartimentada da unidade em três dimensões. A noção de simetria aritmética é evocada exatamente desta forma. O quarto (4°) quadrado do jogo é, portanto, o centro de simetria dos quadrados. Traduzindo esta realidade em triângulos, que simbolizam a unidade simétrica 1, surge o símbolo atual:

Fig: o painel luminoso

O vértice de cada triângulo aponta para o quarto quadrado da coluna de 7 quadrados que lhe é oposta. Os pontos ligam o número 4 de cima ao número 4 de baixo. O jogo oferece também uma correspondência paralela de números de 1 a 7, ou seja, 1234567 (maior) contra 1234567 (menor), como os cordofones Ngombi ou a Harpa Sagrada.

Em termos gerais, os triângulos cruzados representam o equilíbrio de forças entre o céu e a terra, o que também pode ser traduzido como a unidade da masculinidade (triângulo apontando para o céu) e da feminilidade (triângulo com o vértice apontando para a terra), como o ciclo permanente do universo (Triângulo de origem e seu simbolismo).

Este paralelismo refere-se ao facto de os jogadores estarem frente a frente no tabuleiro de jogo, podendo manipular as sementes, deslocando-as de uma casa para outra. A ação de um implica uma reação simultânea do outro, sendo que cada ação tem uma consequência proporcional à sua magnitude. A chuva cai dos céus, e as plantas crescem da terra como consequência direta. Se a chuva exprime a regressão, as plantas definem a ascensão, daí o perfeito equilíbrio da natureza. Os actores são a transposição personificada da organização do universo numa tomada artística cíclica.

Os jogadores, de pé nos seus respectivos campos, observam atentamente a técnica de lançamento de sementes utilizada pelo seu adversário para ganhar o jogo. O símbolo geométrico em forma de olho aberto, como órgão da luz, remete naturalmente para a vigilância, que deve estar ligada à inteligência para que se possa tomar uma decisão informada.

parte notável do jogo. Um olhar atento e uma memória preventiva devem ser as qualidades de um bom jogador de Songo. Na realidade, cada um começa na base do triângulo, mas à medida que o jogo avança, o jogador que perde mais sementes fica mais baixo do que o outro. A altura do jogador é função do número de sementes que praticamente possui, mas a realidade implícita coloca-o no vértice do triângulo. Uma vez que o objetivo a atingir é uma projeção do pensamento, o caminho para esse objetivo é um facto que acaba por se concretizar. Deste modo, praticamos o trabalho de criação, passando do pensamento (altura) à ação (base).

A reflexão pressupõe um reconhecimento exato do mundo das inteligências que a humanidade deve visitar quando necessário. No entanto, como nem todos são capazes de o distinguir, o jogo torna-se uma janela através da qual podemos entrar nele fácil e inconscientemente. Como é que se leva a melhor sobre o adversário, se se sabe o que fazer quando a situação se torna difícil? Ganhar ou perder não é um fim em si mesmo, é saber ser imperturbável. As estações vão e vêm, mas o tempo permanece o mesmo. O homem passa por múltiplas transformações ao longo do tempo, que acabam sempre por inicializar os elementos que vivem dentro dele. As suas realizações são moldadas pelo tempo. Cada nova parte é o trabalho de inicialização dos elementos que sofrem a sua ação. A paciência é a razão do sucesso inexplicável.

2-) Corrugação quadrada e triangular

O paralelismo expresso pelas filas opostas de 7 quadrados cada uma leva-nos a questionar a relação entre o número 7 e o número 5. No início, o número 7 foi revelado como pertencendo à família dos triplos aritméticos e oferecendo uma perceção simultaneamente restrita e alargada ou compartimentada, mas não ficou implícito que ocupa o terceiro lugar nesta classificação. É preciso entender que o número 5, por outro lado, ocupa o segundo lugar e, portanto, segue-o. Note-se que $T(n)=n+1+n$ é igual a $T(2)=2+1+2=5$, pelo que n é igual ao valor do limite de simetria e à posição ocupada pelo algarismo correspondente. Como é que o número 5 integra o número 7 como valor interno? Sem dúvida que seria fácil dizer que este último é superior ao primeiro, mas esta resposta não será suficiente para mostrar porque é que cada quadrado tem 5 sementes de um lado? E porque é que são ocos, como as cabaças dos Mvet Ekang? Devemos considerar corretamente um quadrado de 7 cm de comprimento, com valores internos que variam entre 5 e 6. O primeiro (5) indica o seu nível mais baixo, enquanto o segundo (6) indica o seu ponto mais alto. Os quadrados de 7 cm de comprimento apresentam uma variação aritmética ondulatória de 5 a 6, e de 6 a 5 até ao infinito. As sementes colocadas nos quadrados são as mesmas que os jogadores recolhem, o que significa que os jogadores crescem e diminuem ao longo do jogo, o que corresponde perfeitamente a esta variação ondulatória. O número de quadrados representa o número 7, as sementes simbolizam o número 5 e o número 6 refere-se aos blocos de madeira que separam os quadrados. As ondas são criadas pelo movimento do braço do jogador de um quadrado para outro.

A variação ondulante através dos números 5 e 6 demonstra, de certa forma, que a vida é feita de altos e baixos. Os jogadores têm plena consciência de que não podem ganhar tudo em todos os jogos que disputam, e que a derrota os convida a remobilizarem-se para voltarem mais fortes. O número 5, símbolo da queda, é assim associado ao número 6, símbolo do crescimento, enquanto a mão remete para a energia que permite não só a fecundidade da terra, mas também a água como referência à fertilidade. Diz-se que o Songo faz parte dos jogos da sementeira, facto que não é apenas idealista, mas também prático.

A geometria está assim ligada à atividade humana, como uma espécie de escrita descritiva, mas não percetível a olho nu. A ideia seria que a humanidade, através das suas acções, está a escrever a sua história numa dimensão puramente geométrica. Um homem de pé é semelhante a uma curva ascendente, enquanto o facto de estar sentado indica uma curva descendente. Um número natural não nulo no traçado de um quadrado é delimitado pelos seus graus ascendente e descendente. Assim, definem aqui a anterioridade bipartida deste número. Um pai e uma mãe são anteriores ao seu filho, mas este último é uma mais-valia desta união. Nele reside a porção de cada um dos pais, e a sua personalidade.

3-) Componentes triangulares internos

A noção de triplicidade é sempre importante, mesmo num azulejo de quadrilátero, pois este incorpora triângulos através da ação das diagonais. Foi dito acima que o comprimento do quadrado é de 7 cm, mas as figuras trilaterais que o compõem são constituídas por 15 quadrados. O número 15 dividido por 3 dá o número 5. À luz do que precede, é fácil compreender que o número 5 é interno ao número 7, pois um designa o triângulo, que é interno, enquanto o outro simboliza o azulejo externo. No número 15, o número 5 aparece 3 vezes, para significar a sua presença manifesta nos vários quadrados do Songo. O azulejo de 7cm de comprimento é composto por um total de 4 triângulos de 15 azulejos.

A relação entre o quadrado e o triângulo como componentes de uma mesma figura geométrica, segundo as posturas internas e externas, ou se o triângulo está inscrito no quadrado, parece enquadrar-se no âmbito do jogo da sementeira. As sementes, que são 5 dentro de cada quadrado, são as mesmas que são transportadas pelas mãos dos jogadores que passam de um quadrado para outro. Como a colheita é uma ação que passa da base de um quadrado para o topo e termina na base de outro quadrado oposto ao primeiro, trata-se de um desenho prático triangular. Em contrapartida, os quadrados dispostos em duas colunas revelam a presença do quadrado. Mas a que parte do quadrado se referem?

De um modo geral, a relação entre o quadrado e o triângulo dá origem a uma figura geométrica única, a pirâmide. O quadrilátero refere-se geralmente à sua base, enquanto o trilátero se refere à sua altura. O primeiro é considerado a matéria, enquanto o segundo se refere ao trabalho do espírito, que lhe dá vida (o simbolismo da pirâmide).

O nome "sementeira", utilizado para definir o jogo Songo, não é exagerado, pois remete, sem a menor sombra de dúvida, para a ideia de criação, crescimento, grandeza, etc. A mão é, portanto, a autora dessa sementeira e, por efeito imediato, dessa colheita que se desenha no jogo. É capaz de acrescentar e de subtrair, de dar e de tirar. É produtiva, por isso o trabalho de campo é tão famoso em todo o Songo. Sendo a mão o autor da criação, e sendo a criação representada simbolicamente pela pirâmide, o Songo, esta maravilha arquitetónica é obra do divino. Todo o universo estaria assim sob o controlo de uma mão invisível que rege o seu funcionamento. Algumas energias são puramente terrestres, como o quadrado, enquanto outras são celestes, como o triângulo. Do mesmo modo, em todos os jogos há sempre um vencedor (triângulo) e um vencido (azulejo). Em suma, o jogo do Songo é um reconhecimento incondicional da existência de uma inteligência invulgar, simbolizada pela mão, autora de toda a criação, sob a forma da atividade humana da agricultura.

4-) Estagnação diagonal do bordo

Considerando ainda o quadrado de 7 cm de comprimento, a correspondência prática entre a disposição dos quadrados do Songo e a das diagonais será posta em evidência nesta parte da observação. O quadrado adopta certas propriedades aritméticas proporcionais ao algarismo ou número tomado como comprimento do quadrado. Assim, se o comprimento do quadrado é de 6 cm, a sua diagonal principal corresponde ao número 5, enquanto 4 diagonais secundárias em forma fractal o rodeiam de cada lado. O tripleto diagonométrico correspondente é, portanto, 4+5+4=13. Quanto ao número 7, temos: 5+6+5=16. O número 6 simboliza assim a diagonal principal, enquanto o número 2 5 ou 5/5 designa as diagonais secundárias de cada lado. O número 5 da esquerda é simétrico do número 5 da direita em relação ao número 6, que é o seu centro aritmético de simetria. O número de sementes em cada quadrado do conjunto de sementeira é, portanto, relativo à disposição das diagonais no interior do quadrado de 7 cm de comprimento. Deve entender-se que cada bloco de madeira semicircular que separa os quadrados equivale ao número 6 como valor numérico. Os quadrados do jogo de semear seriam, portanto, uma transposição prática das diagonais do quadrado de 7 cm de comprimento, em forma de triângulo.

O jogo tradicional foi concebido não só para dar aos jogadores uma sensação de realização, mas também para ilustrar que cada espécie da natureza, ou muito simplesmente cada criatura, pode ser reconhecida por um ou mais dos seus próprios códigos. O número 7 foi, sem dúvida, escolhido por razões particulares, mas apercebemo-nos de que não pode manifestar-se sem os seus antecedentes aritméticos, ou seja, sem os números 5 e 6. No contexto familiar, a criança não pode vir ao mundo sem a vontade conjunta do pai e da mãe. Os pais representam, portanto, o início da história da criança; a criança, por outro lado, é o momento atual. A anterioridade do Songo é, pois, de origem puramente matemática, através da unidade manifesta do triângulo e do quadrado. No entanto, é evidente que o número 7 está fortemente ligado ao número 5, o que não é o caso do número 6, que lhe está muito próximo. Observa-se por vezes que a criança está mais ligada a um dos progenitores, o pai ou a mãe. Ambos são números ímpares e, portanto, triplos aritméticos da mesma natureza, o que infelizmente não é o caso do número 6. Em suma, a triplicidade parece definir a introdução de um elemento estranho num binómio complementar, levando os dois a solidificar a sua união.

5-) Estagnação retangular e triangular

Nesta secção da observação, temos de passar do quadrado ao retângulo, utilizando uma perceção tripla do comprimento do primeiro. O comprimento do quadrado é de 7 cm, e a configuração do tripleto correspondente é 3+1+3=7, que é utilizada para construir o retângulo. O tripleto de regressão é transformado no tripleto de subida aumentando o seu centro aritmético de simetria em 3 unidades, ou seja, 3+(3+1)+3=3+4+3=10. No entanto, o triângulo dentro do quadrado no início é exatamente o mesmo dentro do triângulo no fim. Continua a ser constituído por 15 quadrados. Assim, a condensação numérica triangular aparece com a perceção do tripleto do número 5, ou seja: 2+4+5+5+4+2=27. O número 5, que constitui o número de sementes em cada um dos quadrados do Songo, é um valor triangular estagnado do número 7. O triângulo quadrado tem 15 quadrados, tal como o retângulo, mas oferece uma perceção decomposta do número 15 em três aparições

96

do número 5. Um retângulo de 7 cm de comprimento e 4 cm de largura contém um triângulo de 15 quadrículas e condensações numéricas triangulares em que o número 5 aparece em três dimensões.

As 5 sementes do jogo da sementeira são, portanto, uma perceção singular do número 15, que representa o grau de estagnação triangular do número 7. A mão que leva as sementes de um quadrado para outro desenha, portanto, um esboço triangular cujo vértice vale um valor estagnado de 15. Por conseguinte, deslocar-se-ia de 2 para 15 e depois de 15 para 2 com base no lado oposto. Tendo em conta o que precede, os jogadores de Songo estariam a realizar actividades matemáticas através dos seus simples gestos. Estes últimos seriam, portanto, avaliados de um ponto de vista puramente geométrico. A atividade humana seria, portanto, uma transposição prática da ciência da matemática.

6-) Quadriláteros e estagnação triangular

A descoberta e a compreensão do jogo da sementeira do ponto de vista matemático conduzem à determinação do número total de sementes disponíveis. Não será, portanto, um erro determo-nos mais uma vez na passagem descritiva que se segue:

"É jogado por dois jogadores e está dividido em 2 territórios. Cada lado é composto por uma fila de 7 quadrados, cada um dos quais contém 5 sementes no início do jogo."

Até à data, ainda não foi colocada a tónica na parte do azulejo que corresponde ao quadro prático do jogo. Esta especificidade será objeto de uma análise matemática posterior. A preocupação atual baseia-se conjuntamente no quadrado, por um lado, e no retângulo, por outro. Os quadriláteros partilham uma caraterística comum relativa à evolução numérica dos triângulos que incorporam. O quadrado oferece a seguinte condensação numérica: 2+4+6+8+10+8+6+4+2=60, cujo valor estagnado é 2x10=20. Quanto ao retângulo, a sua configuração é completamente diferente: 2+4+5+5+4+2=27, cujo valor estagnado é 3x5=15. Naturalmente, temos de os somar, pelo que 15+20=35. Assim, o número total de sementes numa fila de 7 quadrados, cada um contendo 5 sementes, é 35. A simples multiplicação de 7 por 5 não está fora de questão, mas estamos ainda numa fase analítica cujo objetivo é descobrir e compreender o objeto de um ponto de vista matemático. O número 35 refere-se, portanto, à unidade dos valores estagnados do quadrado e do retângulo. O número total de sementes contidas nos quadrados do Songo está relacionado com a unidade de dois quadrados com dois rectângulos, ou seja, cada um dos quadrados está associado a um retângulo. Isto pode ser traduzido como: Quadrado1+rectângulo1 (lado Norte) e quadrado2+retângulo 2 (lado Sul) que constituem cada fila.

As sementes no jogo tradicional do Songo seriam, à luz do exposto, a soma das alturas conjuntas do quadrado e do retângulo, através das acções dos triângulos que incorporam. O número 70, relativo às sementes contidas no objeto de estudo, tem como referência geométrica a inscrição do triângulo no quadrado e no retângulo. Seria também possível multiplicar o comprimento do quadrado por uma das suas

97

estagnações diagonómicas, ou seja, 7x10=70. O facto de o jogo poder ser construído sobre um suporte sobrelevado demonstra também, em menor grau, que ele é o produto de alturas. Para além disso, o jogo é jogado com as mãos que constituem os membros superiores do corpo humano. Uma multiplicidade de simbolismos relacionados com o distanciamento entre o objeto em posse e o seu possuidor são claramente explicitados através deste jogo. O objeto manipulado e o manipulador nada têm em comum, a não ser o facto de serem orientados por ele. Deste ponto de vista, voltamos sempre ao pensamento teológico sobre um Ser supremo que dá vida a tudo aquilo em que toca. As sementes vivem sob o ciclo repetitivo dos jogadores ao longo do jogo, que por vezes lhes atribuem poderes extraordinários através dos seus discursos: "Aqui está a semente que te vai deixar de rastos! gritam por vezes.

7-) Estagnação da margem em 10

O fim do jogo ocorre de acordo com configurações específicas. O número de sementes no baralho do jogo não pode ser inferior a um determinado número. Mas que efeito é que isso teria na estrutura geométrica? É de salientar a relação entre o número de sementes inferiores e a diagonal que forma o nó do azulejo. É precisamente esta particularidade, centrada nas diagonais, que levou à utilização da noção de diagonometria. Por outras palavras, uma observação dedicada aos diferentes papéis das diagonais nas figuras geométricas. Observou-se que elas podem estar relacionadas com a base triangular, o eixo de simetria, o tripleto diagonal, etc. O número 10 será, portanto, utilizado como exemplo nesta situação. A passagem explicativa que se segue, relativa ao final do jogo, servirá de ponto de partida:

"Quando restam menos de 10 sementes no baralho de jogo."

As diagonais estão no interior do azulejo e formam um ângulo reto de 90° no centro do azulejo. Este facto ilustra, no caso mais vulgar, que as diagonais estão necessariamente relacionadas com um determinado valor numérico. A configuração do quadrado amplifica ainda mais esta realidade matemática, pois permite-nos reconhecer o comprimento de um quadrado em relação ao seu grau de estagnação. O número 10 é um valor numérico estagnado do quadrado de 7 cm de comprimento, devido à duplicação paralela das diagonais. Verifica-se que o quadrilátero tem valores aritméticos simultaneamente estáticos (o comprimento do quadrado) e evolutivos (as diagonais). O centro ou o interior do quadrado é claramente móvel, enquanto o exterior não o é. A isto junta-se o facto de as mesmas diagonais constituírem também os triângulos nele inscritos. Assim, o triângulo é mais frequentemente definido como simbolizando a respiração, que dá vida à matéria encarnada no quadrado (o simbolismo da pirâmide). O corpo humano pode efetivamente ser transposto aqui através da carne, que é famosa por dar vida ao invólucro do corpo. Voltando ao final do jogo, a presença de menos de 10 sementes no tabuleiro implica a destruição das diagonais que constituem a própria alma do quadrilátero. Este número Y é, na realidade, o valor estagnado de um quadrado com uma medida de comprimento X, inevitavelmente inferior a 7. O fim do jogo está iminente porque já não corresponde à ordem numérica do tabuleiro.

8-) Colunas quadradas de 8 cm

A presença do número 8 na análise pode parecer uma loucura para alguns, que pensam que a ordem numérica do baralho já não é tida em conta. Foi dito acima que o quadrado tem propriedades tais que o número utilizado para medir os seus lados incorpora uma diagonal central, correspondente a uma figura ou número que é um a menos que ele. Para não perder o fio das nossas ideias, é essencial ter uma perceção visual deste quadrado:

Fig: um quadrado ao quadrado

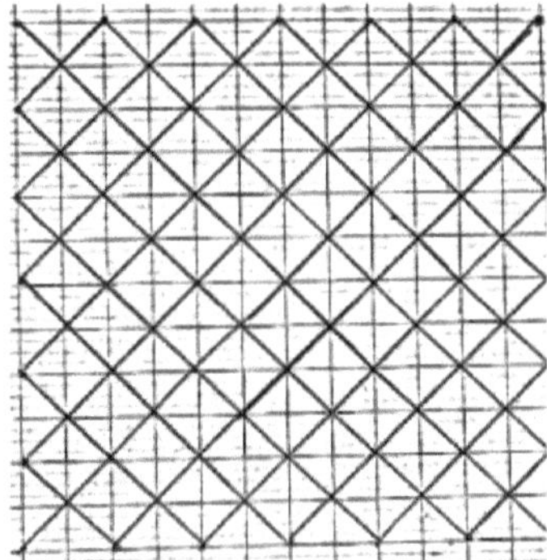

Fonte: NNANG EBANE Sosthene Tresor

Para além da leitura diagonal, a destruição das linhas paralelas e perpendiculares dá lugar a pontos alinhados em colunas. Neste caso, as colunas são compostas por 6 casas, o que não corresponde de todo ao número 7. É necessário observar a disposição prática das 14 casas no jogo da sementeira. A partir do número 8, repare que a sua diagonal principal corresponde ao número 7. O tripleto diagonal correspondente é 6+7+6=19. A variação da onda pode ser lida de 6 para 7 e depois de 7 para 6, pelo que o símbolo correspondente é 6<7>6. Com base nesta observação, podemos colocar a hipótese de que os quadrados do Songo são uma transposição de duas colunas de 7 quadrados, cujo modelo é retirado de um quadrado de 8 cm de comprimento. Vejamos agora a visão prática das colunas do quadrilátero:

Fonte: NNANG EBANE Sosthene Tresor

Quatro pontos são considerados como equivalentes a um quadrado de Songo. Deste ponto de vista, existem 7 colunas compostas por 7 quadrados. Dado que o paralelismo é uma realidade marcante no tabuleiro de jogo, pode argumentar-se que este facto se enquadra, de facto, no diagrama acima. A recorrência do número 7 dentro deste quadrado de 8 cm de comprimento reforça mais uma vez este facto. O número 7 não pode ser expresso no interior do azulejo cujos lados são considerados, mas sim num outro cuja medida é superior em uma unidade, ou seja, 8cm.

A este respeito, os números estão estruturados de tal forma que o valor do número mais pequeno é parte integrante do valor do número mais elevado. Evoluem conservando parte dos seus antecedentes, uma transposição prática da família humana e animal. A criança é nova em relação aos seus pais e inclui em si cada uma das suas partes. Não é, portanto, de modo algum superior a eles, porque eles lhe deram a vida. No entanto, a superioridade que tende a ser concedida aos números mais elevados tem pouco em conta a ordem de aparição. Formalmente, recomenda-se o respeito pelos mais velhos, mas a realidade financeira é a inversão prática desta moral. Uma nota de mil francos CFA vale mais do que uma de quinhentos e, por isso, é fácil compreender porque é que Deus é excluído da atividade humana. Se os mais velhos devem ser respeitados pelos mais novos, então uma nota de quinhentos francos deve valer mais do que mil francos CFA. Por simples dedução analógica, o número 7 dá origem ao número 8, pelo que a genealogia é uma realidade matemática prática.

9-) Estagnação retangular e triangular

O número total de sementes contidas no avental de jogo foi calculado acima, de acordo com a estagnação quadrada e retangular própria do número 7. No entanto, o objetivo aqui é realçar a complementaridade entre este número e o número 8, em termos do número total de sementes. Depois de demonstrar que o número 7 está efetivamente presente no quadrado de 8 cm, é necessário apresentar os graus de estagnação triangular:

A condensação numérica do número 7 é: 2+4+5+5+4+2=6+15+6=27

A condensação numérica triangular do número 8 pode ser resumida da seguinte forma: 2+4+5+5+ 5+4+2=6+20+6=32

Tendo em conta o que precede, os números 7 e 8 partilham o mesmo grau de estagnação numérica, que é 5, apesar de este último revelar um triângulo com dois vértices. O tripleto numérico correspondente é observado: T(n)=n+2+n é igual a T (3)=3+2+3=8 e T(n)=n+(n+2)+n é igual a T (3)=3+(2+3)+3=3+5+3=11. O tripleto de ascensão revela de facto o número 5 como centro de simetria aritmética, mas os limites de simetria permanecem os mesmos. Assim, é necessário considerar apenas os valores estagnados, ou seja, o número 15 e o número 20. A soma destes resultados dá-nos o número 35, que corresponde ao número de sementes de uma fila de 7 caixas, cada uma contendo 5 sementes. As 70 sementes referem-se, portanto, aos pares de estagnação triangular dupla de números 7 e 8. Dito de forma mais explícita: (15+20)x2=2x35=70 ou (2x15)+(2x20)=30+40=70.

Se olharmos para o número 5, vemos que ele aparece exatamente 3 vezes em relação ao 7, e 4 vezes em relação ao 8. O número de vezes que o número 5 aparece nas duas estagnações é 7. Assistimos assim a uma recorrência constante deste número, o que dizer da sua condensação numérica obtida pela adição dos números: 3+4+5+7+8=27? Além disso, a adição do número 7 ao número 8 resulta no número

15, correspondendo à estagnação triangular do primeiro número. Tudo parece indicar que este número tem algo de especial, pois quando se junta a outros desta forma, os resultados obtidos são relativos às suas diversas percepções. O número 8 tende a desaparecer para dar lugar ao número 7, e em vez de progredirmos em relação ao primeiro, regredimos em relação aos resultados obtidos de acordo com o segundo. Este número aparece como a fonte original de luz, mas o número 8 é apenas um dos raios de luz deste último, tanto mais que é apenas uma pequena unidade superior. É, portanto, uma continuação lógica deste último.

O pensamento teológico que decorre desta análise matemática é que a multidão é simplesmente um reflexo da unidade. Por outras palavras, o universo foi criado a partir de uma única energia, que simplesmente se multiplicou para o preencher na sua totalidade. As 70 sementes do jogo da sementeira são o fruto do número 7 como unidade singular. Trata-se, portanto, de uma visão exaustiva deste número, que pode ser dissociado, ou 7+10=70 ou 7x10=70. A unidade e a multiplicidade exprimem a abundância, mas a subtração, tal como a divisão, exprime o reconhecimento do ser original ou da energia de origem. Devemos, com razão, dar crédito à genealogia, começando pela nova geração e remontando aos nossos antepassados, que certamente comunicavam com Deus pela palavra. A adição e a multiplicação são obras do presente e do futuro, enquanto a subtração e a divisão dizem respeito ao passado. A matemática define a passagem do tempo, a capacidade de conciliar o passado, o presente e o futuro, através da manipulação de elementos que estão para além da visão do manipulador.

10-) Diagonais quadradas 9cm

As colunas de 7 quadrados foram apresentadas acima, dentro do azulejo de 8 cm de comprimento, como hipótese possível para a sua extração deste último. No entanto, não apresentam recortes práticos que se enquadrem efetivamente no quadro do jogo tradicional do Songo. Trata-se, portanto, de uma visão subterrânea do azulejo de 8 cm de comprimento. Para o conseguir, seria possível examinar a peça de 9 cm de comprimento. Lembre-se que os números 7 e 9 são triplos aritméticos, respetivamente o terceiro (3) e o quarto (4). A adição das posturas conduz sempre ao número 7. Vejamos com atenção o quadrado abaixo:

Fig: o quadrado de 9 cm de comprimento

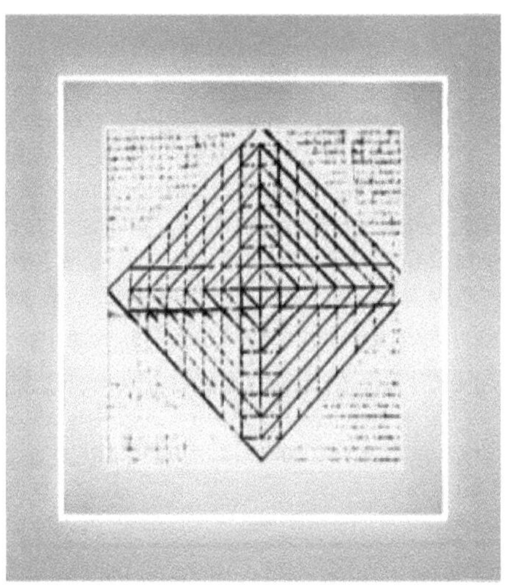

Se observar com atenção a imagem acima, pode ver que, desta vez, os diamantes estão dispostos de acordo com a configuração dos quadrados do Songo. De facto, existem 4 colunas, cada uma composta por 14 quadrados, cuja soma é 28 em binário e 112 em quádruplo. Para ter uma ideia prática, basta considerar as peças que vão do centro para os ângulos rectos. Veremos que existem 14 azulejos, dispostos em 2 colunas de 7 azulejos.

Esta construção geométrica revela a disposição das diagonais em quatro partes, cada uma composta por 14 quadrados, que são certamente tomados como os quadrados do jogo da sementeira. Como tal, é retirada da cruz diagonal visível na base da pirâmide, presa entre as evoluções fractais dos quadrados. Os quadrados na postura da escada reflectem uma mobilidade que não é óbvia mas é percetível a olho nu, enquanto as diagonais tomadas para representar os quadrados são imóveis. Voltando ao jogo, os quadrados são, sem sombra de dúvida, estáticos, enquanto as sementes, que tanto crescem como encolhem, exprimem mobilidade. A multiplicidade das sementes é, portanto, uma transposição prática e perpétua dos quadrados que evoluem de um lado e de outro das diagonais. O vencedor possui mais sementes do que o perdedor durante um jogo, mas os dois juntos constituem os limites da revolução crescente e decrescente das sementes.

Consideremos agora a posição dos jogadores em relação ao tabuleiro. O jogo da sementeira situa-se no centro dos adversários, que se encontram naturalmente de frente um para o outro, com o conjunto a representar a imagem de uma cruz ou de diagonais que se cruzam no seu ponto de intersecção. Esta postura coloca-os no centro da pirâmide, como mostra a imagem acima. É importante compreender que mesmo os jogadores se confundem com as diagonais até um certo ponto, para obter uma imagem relativamente coerente com a figura geométrica. Nesta configuração, os jogadores são considerados unânimes. Simbolizam então um segundo tabuleiro de jogo, disposto na direção oposta. A letra X do alfabeto pode ser vista como uma transposição da imagem anterior.

As formas geométricas são naturalmente antigas, mas a mobilidade que lhes atribuímos deriva do desejo humano de se poder identificar com elas. A representação torna-se assim um meio de depósito da identidade humana. Os códigos utilizados não devem ser analisados a partir de uma perceção singular, mas sim de uma perceção geral, a fim de apreender o valor da geometria. A passagem da geometria "figurativa" para a geometria "animada" integra necessariamente certas componentes vivificantes nos elementos a dar vida. O jogo tradicional do Songo obedece perfeitamente a esta lógica existencial, pois os jogadores animam as sementes no tabuleiro.

11-) Estagnação retangular e triangular

É importante compreender que a estagnação triangular numa matriz luminosa diz respeito apenas aos números ímpares. Estes são utilizados como escala de construção e revelam igualmente um valor de estagnação triangular. Os números pares, em forma de tripleto como escala de construção, revelam também um número ímpar no vértice do triângulo. No entanto, são os números ímpares que ocupam o lugar de destaque.

O tripleto de regressão do número 9 é 4+1+4=9 e o tripleto de ascensão é 4+5+4=13.

Combinados no interior do retângulo luminoso, produzem a seguinte condensação numérica triangular: 2+4+6+7+7+7+6+4+2=52.

A estagnação triangular do número 9 dentro de um retângulo luminoso revela o número 7777, como um valor estagnado. Lembrando que as diagonais do quadrado têm 9cm de comprimento, elas são divididas em 2 colunas de 14 quadrados, cuja soma é 28. Isto significa que uma (1) coluna de 14 quadrados, ou duas (2) linhas de 7 quadrados cada, são assim transpostas para o tabuleiro de jogo.

O número 28, que simboliza as diagonais do quadrado de 9 cm, é também uma parte integrante do número 7. Para o descobrir, dividimos o número em 7 unidades por ordem crescente e somamo-las. Contamos: 1 2 3 4 5 6 7, depois calculamos a soma: 1+2+3+4+5+6+7=28. Na realidade, esta ordem ascendente refere-se ao lado de um triângulo que vai da base para o topo, e a ordem descendente deixa o topo para a base, ou seja, 7+6+5+4+3+2+1=28. Voltemos ao jogo:

"O mecanismo do jogo consiste em apanhar todas as sementes de um quadrado do seu território, depositá-las uma a uma sem saltar um quadrado, da direita para a esquerda no seu campo e depois da esquerda para a direita no campo adversário, até que as sementes se esgotem."

O mecanismo exige efetivamente que as sementes sejam depositadas da direita para a esquerda e depois da esquerda para a direita, como descrito acima. Note-se que a esquerda é citada sucessivamente, enquanto a direita tende a distanciar-se da outra, daí a formação do triângulo: direita, esquerda, direita. Voltemos aos nossos valores

103

de onda para o número 7 que aparece no quadrado. O número 5 aparece 6 vezes, o número 6 5 vezes. Assim, para encontrar a soma ondulatória, pedimos: (5*6)+(6"5)=30+30=60. É possível destruir estes pares constituídos por 4 elementos para obter apenas 3 elementos, ou seja: (5x6)+(6x5)=5x6x5=150. É preciso compreender que toda a análise consiste em partir do quadrado (4) para o triângulo (3), de onde surge o número 7 como símbolo numérico da pirâmide. O número 3 está contido no número 4, embora seja um valor independente. Da mesma forma, o triângulo é um componente do quadrado, apesar de ser uma figura trilateral. Por outras palavras, a presença de um implica automaticamente a presença do outro. É nesta perspetiva que a pirâmide implica a adição de opostos, mesmo que não seja uma adição no sentido estereotipado do termo, porque revela a possibilidade de assimilação. O quadrado pode tornar-se um triângulo, o triângulo pode tornar-se um quadrado, então o quadrado e o triângulo são a mesma coisa. O Songo não é apenas um jogo, mas também uma transposição real da unidade do triângulo com o quadrado, através da encenação de seres vivificantes (jogadores) com seres a serem vivificantes (as sementes e o avental de jogo). Songo não é nem mais nem menos do que uma pirâmide em perpétua evolução, ou uma pirâmide viva, cujo símbolo quotidiano mais marcante, mas dificilmente reconhecível, são as diagonais na sua base, formadas pela posição do tabuleiro de jogo entre os jogadores.

12-) O tripleto 345 e o tripleto 789

O número 3 é o limite do número 7, e o número de vezes que o seu valor de estagnação triangular aparece (555=3x5=15).

O número 3 é o limite do número 8, não o seu valor triangular estagnado, menos ainda a sua frequência de aparição.

O número 3 está contido triplamente no número 9, mas não constitui o seu valor triangular estagnado.

O número 4 é o centro aritmético de simetria do 7, e o seu valor interno (3+4=7).

O número 4 está duplicado dentro do número 8 e constitui o seu centro aritmético de simetria.

O número 4 é o limite simétrico do número 9, não o seu valor triangular estagnado, mas o seu número aparente (7777=4x7=28).

O número 5 não é apenas um valor numérico ondulatório do número 7, mas também o seu valor triangular estagnado, com uma frequência de 3.

O número 5 não é um valor numérico estagnado do número 8, mas constitui o seu grau triangular de estagnação, sob uma frequência de 4.

O número 5 é o centro aritmético de simetria do número 9, mas não é o seu valor triangular estagnado.

O número 7 é um valor de onda triangular do número 8.

O número 7 é um valor de onda triangular do número 9, e constitui o seu grau de estagnação.

O número 8 é um valor ondulante do número 9, mas não é o seu valor estagnado.

O número 9 é um valor que engloba os números 7 e 8.

A soma do tripleto 345 é 12, ou seja, 3+4+5=12

A soma do tripleto 789 é 24, ou seja, 7+8+9=24.

À luz do que precede, o primeiro tripleto é metade do segundo, enquanto o segundo é o seu dobro. É essencial compreender que a noção de fractal não é apenas percetível através de figuras geométricas, mas também através da atividade numérica. O valor menos importante está sempre situado acima do mais valioso. Há uma evolução aritmética de 12 para o seu duplo 24, e uma possível regressão de 24 para 12. Os quadrados evoluem, de facto, da base para o topo em ordem ascendente, e também do topo para a base em ordem descendente. Por outras palavras, as formas geométricas são expressas em termos aritméticos, ao mesmo tempo que a geometria revela uma atividade numérica. A geometria e a álgebra são duas faces da mesma moeda.

Voltemos ao jogo propriamente dito: as sementes depositadas ao longo dos quadrados pelos concorrentes são tangíveis, manipuláveis e contáveis, e são utilizadas para separar os jogadores no final de um jogo. Simbolizam a mobilidade, a animação, a subida e a descida, etc. No que respeita à geometria, esta está presente em todas as formas em geral, no tabuleiro de jogo e nas sementes. No entanto, a configuração do jogo na sua animação tende a revelar a álgebra como o elemento vivificador e a geometria como o objeto a vivificar. Assim, as figuras e os números parecem ter uma certa superioridade sobre as formas geométricas. Por outras palavras, o carácter vivificante geralmente atribuído ao triângulo que aponta para o céu é manifestado pelas sementes que passam de um quadrado para outro através das suas fronteiras comuns. O carácter vivificante da álgebra sobre a geometria é uma relação claramente explicitada no jogo tradicional do Songo.

V-) A MENORÁ E A HANUKKIAH

Fonte :https://www.wikipedia.org>wiki>Hanoukkia

1-) Os castiçais e a Bíblia

a-) o livro do Êxodo cap. 25:31

Todos os objectos sagrados contidos nas páginas deste livro têm uma coisa em comum, porque estão sempre ligados à história da migração do povo a que pertencem. Assim, as novas nacionalidades que nos são erradamente atribuídas estão a afastar-nos da nossa história autêntica, ou seja, de Deus. A presente situação é dedicada principalmente aos judeus, ou hebreus, mas mais tarde mostrar-se-á que todos partilham a pirâmide como um símbolo religioso e matemático comum. Vale a pena determo-nos na passagem seguinte para compreendermos que o lado egípcio pode, evidentemente, ser revelado aqui:

<< A Menorá era uma estrutura de sete braços sobre a qual ardiam lâmpadas de azeite, que é descrita com grande pormenor, mesmo no que diz respeito à sua forma, dimensões e material de que devia ser feita, na Torá, no livro do Êxodo. De facto, quando Deus apareceu a Moisés, ordenou-lhe, entre outras coisas, que criasse um objeto especial, destinado a tornar-se o próprio símbolo da religião judaica: "Farás um candelabro de ouro puro; o candelabro será de ouro batido; a sua base, a sua haste, os seus copos, os seus botões e as suas flores serão de uma só peça" (Êxodo 25, 31).>>.

O livro do Êxodo relata os acontecimentos que envolveram a saída do povo hebreu do Egipto por Moisés, a mando do Senhor. Não seria, portanto, escandaloso ver a Menorá como uma estrutura em forma de pirâmide, porque o escolhido foi instruído segundo os conhecimentos egípcios. É importante compreender que Moisés não poderia, de modo algum, ter concebido o objeto sagrado sem pôr nele algo de seu, ou seja, o que lhe tinha sido ensinado pelo Faraó, o grande e todo-poderoso governante do Egipto. A Menorá, como símbolo da religião judaica, dá ainda mais crédito ao que precede: a aliança prática do Eterno com o povo hebreu através de Moisés, numa situação catastrófica em que este povo tão sofrido não sabia a que santo recorrer. Ele tornou-se uma memória inesquecível, um garante da liberdade, e agora que Deus estava com eles, quem poderia derrotá-los? O pensamento do autor que se segue está em perfeita sintonia com estas palavras:

<< De acordo com Zacarias, estas sete lâmpadas são os olhos de Deus que vigiam toda a Terra (esta é uma interpretação; os 7 olhos parecem antes significar a omnisciência de Deus).>>

A arte sacra revela-se assim como um desejo de transposição do invisível para uma obra prática e possessiva, através de um testemunho autêntico. É mais do que uma marca de identidade ou um símbolo religioso, é um regresso à génese do povo hebreu. A Menorá é simplesmente uma história maravilhosa que não tem fim.

Não devemos esquecer que a hanukiá ou candelabro de 9 braços tem também a sua própria história religiosa e milagrosa. Apesar de tudo, tem também uma estrutura piramidal que tem de ser completada à medida que avançamos.

b-) o livro de Marcos cap 8,9-20

A atual queda do Novo Testamento tende a lembrar aos adeptos da modernidade que já nada precisa de ser descoberto, mas sim explicado ao pormenor, porque a linguagem dos antigos era muito culta. Precisamos de traduzir a seguinte passagem bíblica em linguagem matemática, uma vez que é suposto basear-se nas estruturas combinadas do candelabro de 7 braços e do candelabro de 9 braços:

<<Quando parti os cinco pães para os cinco mil homens, quantos cestos cheios de pedaços levastes? Doze, responderam eles. E quando parti os sete pães para os quatro mil homens, quantos cestos cheios de pedaços levastes? Sete", responderam eles.

A passagem anterior mostra a disposição dos números em forma de tripleto:

Nós temos:

E1: 5-5000-12

E2: 7-4000-7

Transformar Elen num castiçal de 9 ramos e E2 num castiçal de 7 ramos.

Temos: E1:5-5000-12=5-(5x1000)-5+7, agora o Hanukkiah tem nove (9) ramos, e os triplos 4+(4+1)+4, 444, 454, e 5-5-5, daí 3x5=15. O número 5 também apareceria 3 vezes em todo o castiçal, portanto: (3x5)+7= 15+7=22, que corresponde ao número de "letras do alfabeto hebraico". Da mesma forma, o número 7 pode ser decomposto, mas o resultado será sempre o mesmo. Temos: (3x5)+5+2. O número 5 aparecerá agora 4 vezes em vez de 3, pelo que (4x5)+2=20+2=22. De passagem, note-se que o número 5 simboliza o ramo principal do castiçal de 9 ramos.

Consideremos E1:5-5000-12 e calculemos E3, E4 e E5 em relação ao número 5, consoante o número 5 simboliza as diferentes figuras geométricas que compõem a pirâmide (1 quadrado e 4 triângulos isósceles), o número 3 define o triângulo como face lateral e o número 4 refere-se à base que é um quadrado. Basta contar o número de vezes que o mesmo número aparece em cada termo e multiplicá-lo pela sua frequência de aparição. No entanto, o número 2 isolado em E5 não será tido em conta para obter o total do resumo numérico da vela de 9 pontas.

Nós temos: E1:5-5000-12,

Nós colocamo-nos:

E3= 3+2-(5000)-(3+2)+7=3+2 -[(3+2)1000)]-(3+2)+(3+2) +2=(4x3)+2=12+2=14

Nós colocamo-nos:

E4= 4+1- [(4+1)1000)]-(4+1)+(4+1)+2=(4 x 4)+2=16+2=18

Nós colocamo-nos:

E5=5-(5x1000)-5+7=5-(5x1000)-5+(5+2)=(4x5)=20

Seja E a soma de E3, E4 e E5, onde E:14+18+20=52 ou E:14+18+22=54

Para além disso, nós colocamos:

108

E1: 5-5000-12 =(5-1)+5000+(12-8)=4+5+4 e 1+8=9

Sabendo que o número 5 se refere ao ramo principal do castiçal de 9 ramos, e que o número 4 se refere aos ramos secundários, ou seja, 2x4=8, então reduzir o número 5 e o número 12 ao número 4 implica subtrair 1 a 5 e 8 a 12, de modo a que a soma destes números revele efetivamente o número 9.

O número 5000 refere-se ao tamanho do ramo principal, shamash.

O número doze sugere uma perceção triangular do número 4: T(n)=n+(n+1)=n que se torna T(n)=n+n+n=3n é igual a T (4)=4+(4+1)+4=4+5+4 e T(4)=4+4+4=3x4=12. A primeira fórmula matemática propõe uma maior perceção do centro de simetria numérica, enquanto a segunda fórmula reduz o centro de simetria numa unidade. A Bíblia oferece uma dupla perceção do centro de simetria aritmética, em relação ao tripleto ascendente do número 9. A fórmula é: 4+1+[(4+1)x1000)]+4+8=5+(5x1000)+12=5+5000+12.

O número no centro é o fator de ligação entre o castiçal e o alfabeto hebraico em termos numéricos:

E3=3+2-(5000)-(3+2)+7=(3+2)-[(3+2)1000)]-(3+2)+(3+2)

+2=4(3+2+2=(4x5)+2=20+2=22

Nós colocamo-nos:

E4=(4+1)- [(4+1)1000)] -(4+1)+(4+1)+2=4(4+1)+2=(4 x 5)+2=20+2=22

Nós colocamo-nos:

E5=5-(5x1000)-5+7=5-(5x1000)-5+(5+2)=(4x5)+2=20+2=22

Seja E a soma de E3, E4 e E5, onde E=22+22+22=(3x22)=66

E2: 7-4000-7 oferece uma leitura dos ramos da Menorá da direita para a esquerda e da esquerda para a direita, ou seja, 1,2,3,4,5,6,7 e 7,6,5,4,3,2,1. Desta forma, o número 7 encontra-se tanto na extrema esquerda como na extrema direita, mantendo o ramo principal representado pelo número 4, que é multiplicado por 1000. É assim que se obtém o tripleto 7+4000+7. O tripleto é normalmente relativo à vista superior do centro de simetria aritmética. De facto, partimos de 3+1+3=7 para 3+(3+1)+3=3+4+3=10, que se torna (3+4)+4+(3+4)=7+4+7, o valor central 4 é adicionado aos valores idênticos dos limites simétricos. T(n)=n+(n+1)+(n+1)+n+(n+1) é igual a T (3)=3+(3+1)+(3+1)+3+(3+1) = (3+4)+4+(3+4)=7+4+7=18

Somando os números por ordem de crescimento e decrescimento linear superior e inferior, obtém-se uma estagnação numérica de um dígito ou superior. Colocamos a questão:

1,2,3,4,5,6,7

7,6,5,4,3,2,1

8,8,8,8,8,8,8

O resultado mostra simplesmente que o número 7 é o valor intervalar do número 8. Por outras palavras, os triplos aritméticos cujo centro de simetria é igual a 1 são todos valores intervalares de números pares. Por exemplo, se colocarmos 3+1+3=7 e 3+2+3=8, então 7 está dentro de 8. Trata-se de um paralelismo não homogéneo.

A configuração triangular significa que os algarismos 7 formam um único vértice, dando uma correspondência angular e linear entre os algarismos. A equação é :

1,2,3,4,5,6,7

1,2,3,4,5,6,7.

A dualidade triangular é a marca da Harpa Sagrada ou Ngombi ou Ngoma. Em contrapartida, a Harpa Cithara, tradicionalmente conhecida como Mvet Ekang, Menorah e Hanukkiah, partilha uma perceção tripartida. Uma delas é a postura:

1,2,3,4,5,6,7

1,2,3,4,5,6,7

1,2,3,4,5,6,7

Na realidade, existem 8 perfurações e não 7, porque a ponte também se situa numa perfuração dita neutra. Esta lógica matemática mostra que é o valor intervalar que é tornado prático em detrimento do valor prático. O tripleto correspondente é, portanto, 7+1+7, que se torna 7+(7+1)+7=7+8+7, depois subtrai-se uma unidade ao valor central, ficando o tripleto homogéneo 7+7+7= 3x7=21. Se adicionarmos cordofones, passa a ser 7+7+7+7=4x7=28.

No caso do castiçal de 7 braços, temos: 3+1+3=7 que se torna 3+4+3=10, daí o tripleto homogéneo 3+3+3=3x3=9. Contando também da direita para o centro, da esquerda para o centro e do centro para baixo, temos 4+4+4=3x4=12

O castiçal tem 9 ramos: 4+1+4=9 que se torna 4+5+4=13, depois 4+4+4=3x4=12, no fim 5+5+5=3x5=15

Tal como em E1, o número 12 pode ainda ser visto em E2 através do seguinte: (3+4)+4+(3+4)=7+4+7, ou 3x4=12. O número 4 aparece 3 vezes neste tripleto numérico. De facto, a ideia do tripleto aritmético gira em torno de uma energia neutra que acaba por unificar os seres da mesma natureza, estando no meio deles. Esquematicamente, Cristo é esta energia neutra que une os apóstolos e a multidão através da palavra de salvação. O tripleto homogéneo 444 ou 4+4+4, cuja soma é 12, refere-se à luz que abriga agora aqueles que põem em prática o evangelho de Cristo.

A relação entre o número 7 e o número 22, indicando as letras do alfabeto hebraico, é justificada por um quadrado de 7 cm de comprimento. De facto, ele contém 11 segmentos de reta paralelos, lidos de cima para baixo e de baixo para cima, ou seja, 11 em cima contra 11 em baixo, o que dá 11+11=22.

Outro truque é possível, falando do cálculo da adição por ordem de estagnação e assimilação aritmética. Colocamos:

7Stg (4)=1 2 3 4 5 6 7

= 2+(1+3)+4+(5-1)+(6-2)+(7-3)

= 2+4+4+4+4+4

= 2+(4x5)

=2+(5+5+5+5)

=2+20

7Stg(4) = 22

Note-se que o número 2 está sempre isolado, como no cálculo das equações E3, E4 e E5, em relação ao número 9, portanto E1: 5-5000-12. A multiplicidade ou multidão exprime-se neste Evangelho de forma triangular, sendo Cristo o centro simétrico do triângulo, ao qual devem obviamente ser assimilados os apóstolos e o povo. Cristo é luz, e aqueles que o seguem tornam-se também luz. Os castiçais, que trazem a luz e muitas outras fontes de abundância ao povo hebreu, revelam-se nas palavras de Cristo no Novo Testamento, ao mesmo tempo que se fundem com as letras do alfabeto hebraico. O número 12 pode simbolizar os apóstolos de Cristo, mas o seu valor intervalar é 11, o que explica o facto de ele ter sido traído por um deles. O número 11 refere-se ao espírito da verdade, à pureza de coração, que infelizmente nem todos tinham. É por isso que os cordofones tanto de Ngombi como de Mvet se referem não só à região interior do quadrado, mas também aos seus eixos de simetria e diagonais, para significar que é o abstrato que deve obviamente ter precedência sobre a obra concreta. O espírito deve dominar a matéria.

c-) o livro de Daniel cap 3: 19-25

A secção que reconcilia a narrativa migratória e a arte sacra está ainda em curso. O regresso ao coração do Antigo Testamento está relacionado com o presente conteúdo analítico. É importante compreender como o candelabro de 7 braços ou Menorá é revelado neste versículo. Está escrito:

<<Então Nabucodonosor se encheu de fúria, e a expressão do seu rosto mudou ao ouvir as palavras de Sadraque, **Mesaque e Abednego**. *Ele tomou a palavra e ordenou que a fornalha fosse aquecida* **sete vezes,** *mais do que era costume. Depois mandou que homens fortes do seu exército amarrassem Sadraque, Mesaque e Abednego, para os lançar na fornalha de fogo ardente. Estes homens foram amarrados com as calças, as túnicas, os chapéus e as cabeças, e foram lançados na fornalha de fogo ardente. Além disso, como a palavra do rei era rigorosa e a fornalha tinha sido extraordinariamente aquecida, aqueles mesmos homens que tinham içado Sadraque, Messaque e Abede-Nego, a chama do fogo matou-os. Estes três homens, Sadraque, Mesaque e Abednego, caíram amarrados no meio da fornalha de fogo ardente. O rei Nabucodonosor ouviu-os cantar; ficou atónito e levantou-se apressadamente. Levantou-se e disse aos seus conselheiros: <<Não lançámos nós três homens amarrados no fogo?>> Eles responderam e disseram ao rei: <<Claro, ó rei!>> O rei respondeu e disse: <<Eis que vejo* **quatro homens** *delirantes que andam no meio do fogo, sem nenhuma ferida, e o* **quarto tem a** *aparência* **de um filho dos deuses >> (Daniel 3:19-25).***

Em primeiro lugar, a história é construída em torno de 3 indivíduos, incluindo Sadraque, Mecaque e Abede-Nego. Mais tarde, somos levados a compreender que a fornalha é aquecida 7 vezes mais. Sabemos que o castiçal tem de facto 7 ramos e que os 3 ramos constituem metade deles, quer do lado esquerdo quer do lado direito. Em seguida, os 3 indivíduos são lançados na fornalha de fogo, onde

111

milagrosamente um outro, ou seja, um quarto, é convidado para o julgamento, o que surpreende completamente o rei Nabucodonosor da Babilónia. A evolução oferece a passagem de 3 para 4 indivíduos, ou seja, o ramo principal, ou seja, 3+1=4. Curiosamente, este salvador acaba por desaparecer sem explicação, tal como apareceu, pelo que acabamos por ficar com os mesmos 3 indivíduos com que começámos, mas desta vez depois de passar pelo fogo. Assim, temos 3 indivíduos antes do fogo, 4 na fornalha e 3 indivíduos depois. O tripleto 343 ou 3+4+3=10, é uma perceção ampliada do tripleto comum 3+1+3=7. Tendo em conta o que precede, podemos supor que a fornalha foi aquecida 10 vezes, ou seja, 3 vezes mais do que o habitual, ou seja, 7 vezes. Recordando a Menorá como símbolo da proteção recebida por Moisés do Senhor, podemos constatar que ele permaneceu obviamente fiel à sua promessa. Acreditamos em Zacarias, que disse que as 7 lâmpadas representavam os 7 olhos de Deus que vigia o universo. O número 4 refere-se, portanto, ao anjo da guarda, ou muito simplesmente à presença do Espírito Santo.

2-) os castiçais e o alfabeto hebraico

a-) apresentação

É sempre essencial lembrar que a observação começou com o estudo baseado na estrutura da Menorá, e depois levou ao alfabeto hebraico. Por outras palavras, as análises matemáticas efectuadas sobre o candelabro de 7 braços conduziram a uma certa correlação com o alfabeto hebraico. A escultura é, evidentemente, considerada uma escritura em si mesma, capaz de revelar conhecimentos insuspeitados. Não seria, portanto, descabido oferecer um sabor inebriante deste alfabeto através do que se segue:

"O alfabeto Hëbrew é muito mais do que um alfabeto; ele abre o acesso ao conhecimento universal através do símbolo. Como seres humanos, não temos a possibilidade de estar em contacto direto com o invisível. O mistério não pode ser comunicado desta forma, mas é revelado sob a forma de símbolos e metáforas. É através dos símbolos que, pouco a pouco, vamos compreendendo o mundo do mistério. O símbolo é um verdadeiro canal de comunicação entre o visível e o invisível.

O alfabeto hebraico, através do simbolismo de cada uma das letras que o constituem, tem a capacidade de mergulhar o leitor num universo onde ele se descobre contra a sua vontade. Não só conduz o observador à própria génese do mundo ou do universo, mas também, e sobretudo, recorda-lhe que o seu próprio universo é, por natureza, invisível. Deve, portanto, ser construído dentro dessa mesma invisibilidade, através da sua parte imaterial. Na realidade, o corpo humano é como um veículo conduzido por um motorista, que por vezes tem de viver fora dele. Trata-se de criar uma outra personalidade para além do próprio património, porque pode pertencer a outros. A alma deve ser guardada para a vida eterna, ao passo que o corpo está destinado apenas a uma utilização única ou limitada. Daí a necessidade de refletir sobre o futuro da vida fora do corpo humano.

112

b-) as 22 letras

A estrutura interna da Menorá mostra um alinhamento horizontal de 7 pontos, simbolizando os ramos, e um alinhamento de 4 pontos no plano central, todos referentes a um ângulo reto. Assim, temos de contar os 7 ramos da minha esquerda para a direita e depois da direita para a esquerda para obter o número 14. Obviamente, 7+7=14. Depois, como 4 pontos no plano lateral de cima para baixo e de baixo para cima, obtém-se o número 8. Finalmente, 8+14=22. Devemos agora utilizar a seguinte passagem como ilustração:

<<Em hebraico, as letras têm um valor numérico e podem ser usadas para contar. A isto chama-se "guematria", do grego "geometria". A numeração alfabética baseia-se na dezena. Utiliza as 27 letras do alfabeto (22 letras normais + as 5 finais) da seguinte forma:

As primeiras 9 letras comuns (aleph, bet, guimel, dalet, he, vav, zayin, het e tet) correspondem aos números de 1 a 9;

Os 9 seguintes (yod, kaf, lamed, mem, noun, samekh, ayin, pe andtsade) até às 9 dezenas (10 a 90);

Os últimos 4 (qof, rech, chin e tav) para as primeiras 4 centenas (100 a 400);

As 5 letras finais (kaf, mem, noun, pe e tsade) nas últimas 5 centenas (500 a 900).

Do que precede, resulta claro que o alfabeto hebraico contém 22 letras. Além disso, este número pode ser visto em forma de tripla, ou seja, 9+9+4 ou 4+9+9 ou 9+4+9=18+4=22. Subtraindo o número 2 a cada número 9, o tripleto 9+4+9=22 torna-se (9-2)+4+(9-2)=7+4+7=18. Mais uma vez, descobrimos que o candelabro de 7 ramos se revela na própria composição das letras do alfabeto hebraico. A situação atual mostra que a Menorá inclui as letras de 1 a 400, porque se relacionam com o número 22. É preciso ter sempre presente que o triplo 949, que simboliza o número 3, se relaciona com o triângulo como a face vivificante da pirâmide.

c-) as 27 letras

Ainda reconsiderando a estrutura interna da Menorá, descobrimos que o plano lateral tem 4 pontos, enquanto o plano horizontal tem 7 pontos. Os mesmos 7 pontos são depois reproduzidos exatamente no plano horizontal do lado oposto, de modo que o lado fica preso entre estes dois planos, como a letra H.

Em seguida, preenchemos o espaço vazio com 4 pontos verticais, para criar um retângulo. Em seguida, desenham-se linhas paralelas para preencher a forma geométrica, para realçar a sua natureza fractal. Obtém-se assim a seguinte figura geométrica:

Painel luminoso 7/4

Fontes: N'NANG EBANE Sosthene Tresor

Precisamos de contar o número de quadrados nesta caixa de luz de 7 quadrados. Existem, naturalmente, várias formas de o fazer:

No plano vertical, temos:

2+3+2+3+2+3+3+2+3+2+3+2=(3 x 5)+(2 x 6)=15+12=27

Ou

(2+3)+(2+3)+(2+3)+(2+3)+(2+3)+2=5+5+5+5+5+2=(5x5)+2=25+2=27

No plano horizontal, deitamo-nos:

5+6+5+6+5=(2x6)+(3x5)=12+15=27

No plano oblíquo, colocamos:

2+4+5+5+5+4+2=2+4+15+4+2=6+15+6=(2x6)+15=12+15=27

Os diferentes métodos de cálculo revelam sempre o número 27 como resultado comum. Este número refere-se também ao número de letras do alfabeto hebraico. A seguinte passagem merece uma menção especial:

<<Em hebraico, as letras têm um valor numérico e podem ser usadas para contar. A isto chama-se "guematria", do grego "geometria". A numeração alfabética baseia-se na dezena. Utiliza as 27 letras do alfabeto (22 letras ordinárias + as 5 finais) do aeon seguinte:

As primeiras 9 letras comuns (aleph, bet, guimel, dalet, he, vav, zayin, het e tet) correspondem aos números de 1 a 9;

Os 9 seguintes (yod, kaf, lamed, mem, noun, samekh, ayin, pe andtsade) até às 9 dezenas (10 a 90);

Os últimos 4 (qof, rech, chin e tav) para as primeiras 4 centenas (100 a 400);

As 5 letras finais (kaf, mem, noun, pe e tsade) nas últimas 5 centenas (500 a 900).

Reconsideremos a leitura oblíqua:

2+4+5+5+5+4+2=2+(4+5)+5+(5+4)+2=9+9+(2+2)+5=9+9+4+5 = 27. O par (4+5) marca a subida para o cume, enquanto o par (5+4) marca a descida para a base, o número 5 designa o cume do triângulo e, finalmente, o número 4 refere-se à base. O alfabeto hebraico é uma estrutura triangular, como mostra a Menorá: 9 no lado esquerdo do triângulo, 5 na parte superior do triângulo, 4 na parte inferior do triângulo e 9 no lado direito do triângulo. Portanto, a unidade de vértice e base traduz o tripleto 999, como o algarismo numérico do alfabeto, porque 3x9=27.

A análise da estrutura interna da Menorá mostra que o número 27 implica a adição de um quarto (4°) elemento ao tripleto original. É assim que evoluímos de 9+4+9=22 para 9+4+9+5=22+5=27. Se contarmos os números como uma única unidade, 949 é igual a 111 ou 3 e 9945 é igual a 1111 ou 4, pelo que 1111+111=1222=1+(2x3)=1+6=7 é igual a 3+4=7. Esta mesma disposição das letras do alfabeto hebraico é inteiramente coerente com a unidade do triângulo com o quadrado, através dos números 3 e 4, que são praticamente representados pelo triplo 994 e pelo quádruplo 9945. Nesta configuração, a Menorá refere-se aos números de 1 a 900.

d-) o painel luminoso da Hanukkiah
d-1) as 27 letras

Faz todo o sentido apresentar aqui as diferentes leituras da pintura de luz do castiçal de 9 braços, que será naturalmente mais imponente do que o castiçal de 7 braços. A imagem abaixo é uma visão clara deste último:

Painel luminoso 9/5

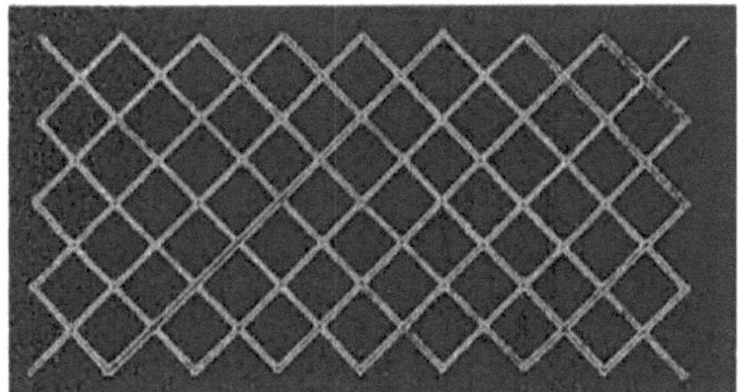

Fontes: N'NANG EBANE Sosthene Tresor

Precisamos de contar o número de quadrados contidos neste conjunto luminoso de 9. Existem, evidentemente, várias formas de contar:

No plano vertical, temos:

3+4+3+4+3+4+3+4+3+4+3+4+3+4+3=(3x8)+(4x7)=24+28=52

Ou

(3+4)+(3+4)+(3+4)+(4+3)+(3+5)+(3+4)+(3+4)+3=7+7+7+7+7+7+7+3=(7X7)+3= 49+3=52

No plano horizontal, deitamo-nos:

7+8+7+8+7+8+7=(8X3)+(7X4)=24+28=52

No plano oblíquo, colocamos:

2+4+6+7+7+7+7+6+4+2=2+4+6+(4x7)+6+4+2=6+6+28+6+6=(2x6)+28+(2x6)=1 2+28+12=52

Tendo obtido os resultados acima, é agora possível adaptá-los ao número 27, referente ao número de letras que compõem o alfabeto hebraico. Usando leitura oblíqua, considere os números 2+4+7+6+2, depois some cada um dos números 2 com cada um dos números 7, subtraindo uma unidade (1) ao número 6. (2+7)+(7+2)+4+(61)=9+9+4+5=9+9+9=3 X 9=27.

115

Tal como a Menorá, a hanukiá tem uma linha horizontal composta por 9 pontos, enquanto a linha vertical está organizada em torno de 5 pontos, todos eles referentes a um ângulo reto. Contando a ordem horizontal da direita para a esquerda e da esquerda para a direita, obtém-se o número 18. Tal como o eixo central começa com cinco pontos de cima para baixo e outros cinco pontos de baixo para cima, daí o número 10. Assim, 10+18=28 ou (2*5)+(2x9)=10+18=28. Podemos ver que foram adicionadas 6 unidades ao número 22 do número 7, ou seja, (2x4)+(2x7)=8+14=22, para chegar ao número 28 do número 9. Na realidade, o número 6 corresponde ao tripleto 123, ou seja, 1+2+3=3+3=6, ou seja, metade do número 12. Vejamos os triângulos inversos seguintes:

Fig 3: Múmias e pirâmide

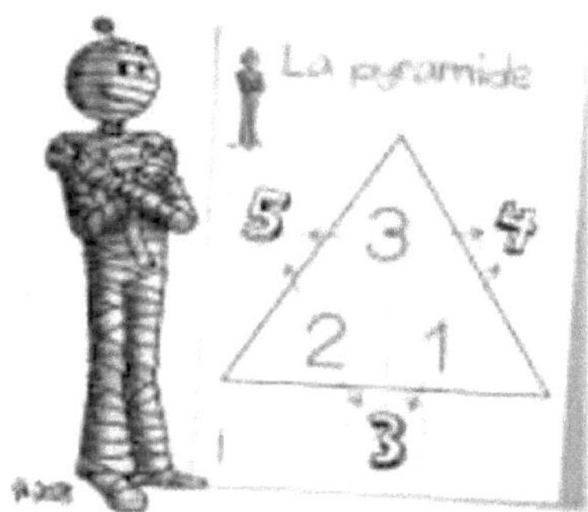

Fontes: https//:www.mummies2pyramid.com

O tripleto 123, cuja soma se refere ao número 6, está dentro do triângulo. No entanto, o tripleto 345 fora da figura trilateral é igual ao seu dobro, ou seja, 3+4+5=7+5=12. É importante lembrar que o número 6 designa o valor intervalar do número 7, que revela então o número 14 como valor numérico externo. A evolução dos números pares é também acompanhada pela evolução numérica dos números ímpares, mas o maior número permanece assim por apenas uma pequena unidade. O número 6 simboliza a adição de um triângulo retângulo com a metade triangular do quadrado, enquanto o número 7 se refere à unidade de um triângulo retângulo com um quadrado completo como base. No entanto, em vez de o objetivo da organização matemática centrada na pirâmide ser construído em torno da visão relativa à expressão do invisível ou do abstrato, o número 6 é apresentado em relação ao número 7. Assim como o número 28 é maior que o número 27, o número 7 é maior que o número 6. O painel luminoso da hanukiá oferece uma perceção excedente deste triângulo, ou seja, 7+8+9=24, que é o dobro do número 12. O número 6 é assim multiplicado por 4.

Em certa medida, as duas tabelas também se relacionam com uma perceção quádrupla do número 12. Considere os dois primeiros algarismos de cada conjunto e depois some-os. 2+3+3+4=2+(2*3)+4=2+6+4=12. Não há dúvida de que os castiçais hebraicos estão cheios de estruturas piramidais.

O número 28 representa tanto o fim da leitura do alfabeto hebraico como a sua nova leitura. O símbolo matemático $n+1$ implica um regresso à estaca zero, como $n=27$, e marca o fim. Pelo contrário, a renovação é expressa pelo número 28, ou seja, a passagem de Tav para Aleph. Da mesma forma, o 7° dia é o domingo, enquanto o 8° é a segunda-feira: o primeiro exprime a saturação, enquanto o segundo antecipa a reinicialização.

d-3) as letras Yod e Tav

A observação das morfologias conjuntas dos castiçais de 7 e 9 braços, através da disposição dos copos em relação ao fuste, parece revelar duas letras alfabéticas principais, Yod e Tav. Para o efeito, devemos começar por considerar apenas os cortes da extrema esquerda e da extrema direita, e a haste, para destacar a letra Y. É na mesma ordem que aparece corretamente a passagem seguinte:

<< *Uma variante em Y desta forma foi desenhada por Maimonides num dos seus Iraik midráshicos: três ramos rectos a leste, três a oeste e um no centro. Esta forma em Y, segundo a Cabala, pretendia recordar os Sete Ramos do Delta do Nilo; e o seu óleo sagrado, as águas sagradas do Nilo que nunca deveriam faltar. A forma em Y foi também adoptada pelo movimento Lubavitch para a sua Hanukkiah.*

A passagem anterior liga mais estreitamente a arte sacra à região egípcia, mas devemos manter-nos no quadro alfabético estrito. A letra Y moderna parece referir-se à letra Yod, a décima letra do alfabeto, cujo símbolo é a mão e a semente. À luz do que precede, o significado primário deste simbolismo é agrícola, uma vez que os castiçais são por vezes representados com o ramo principal mais alto do que os outros ramos.

outros, e por vezes estão todos ao mesmo nível. A partir destes dois desenvolvimentos, podemos deduzir que quando o ramo está alto, é a época das colheitas. No entanto, quando está alinhado com os outros, define a época da sementeira. A fertilidade, a fecundidade, é uma realidade expressa pelos castiçais através das suas variantes em Y. Da mesma forma que as flutuações do Nilo, podemos ver nele tanto o período de águas altas como o período de águas baixas. Tudo indica que os castiçais estão abundantemente humedecidos para se acreditar numa tendência exponencial.

Além disso, a letra Tav, que é a última letra do alfabeto hebraico, pode ser transposta para aqui. Consideremos a trajetória plana dos ramos em cima e apenas o caule em baixo. Por isso, é preciso ter em conta o ângulo reto formado pela sua estrutura interna. Vejamos então a que se refere o simbolismo desta letra:

"Última letra do alfabeto hebraico, representa o ponto culminante da Criação e a totalidade de todas as coisas erodidas. É o ponto culminante de todo um ensinamento, de toda uma iniciação, de um passo a passo em direção à perfeição. Tav é o resumo de tudo em tudo, a ciência integral do absoluto, o mistério que chega diretamente à alma. É também a cruz que simboliza o todo e o fim do

caminho. Tav é o absoluto, a perfeição da criação, permitindo que o sopro dinâmico do "Shin" produza a diversidade das formas. É a verdade, a perfeição e o fim do caminho. Esta carta maior elimina qualquer possibilidade de adiar um ato e torna o futuro claro. Como símbolo, Tav representa a vibração através da qual o não dito e o não dito são libertados, é a integração da consciência original, o fim, a realização, o culminar".

À luz do exposto, a vibração é atribuída à letra Tav como a própria expressão da vida, apesar de ser a última letra do alfabeto hebraico. Isto parece refletir a ideia de que a verdadeira vida é imperativamente futura, onde a esperança é uma atitude que acaba por se impor como uma regra de ouro. É o próprio resumo da soma de cada uma das letras, que sugerem o auto-conhecimento com vista a um novo nascimento. Quando falamos da pirâmide, definimo-la por vezes como a expressão da multiplicidade na unidade, ou da unidade na multiplicidade, porque tanto pode ser acoplada como dissociada. Da mesma forma, a humanidade deve aceitar-se como um sujeito bipartido, no qual o invisível deve ser mais dominante sobre a matéria. Por isso, o próprio Tav está cheio da ideia de ultrapassar o entendimento material para nos dedicarmos de corpo e alma ao trabalho espiritual. A destruição da matéria em benefício da liberdade da alma sob a influência de Deus.

O impulso do divino é a mensagem transmitida por esta letra alfabética. Assim, o seu somatório com o Yod, baseado na capacidade de regeneração através da mão e da semente, relaciona-se, em última análise, com a ideia de que o próprio divino não se pode extinguir. Os óleos são corretamente utilizados para manter a chama das taças viva para sempre. Assim como o Shamash é aceso primeiro para significar que a vida é eterna num lugar específico, e é também distribuída a nós a partir daí. A humanidade encarna a vida secundária ou é simplesmente o destinatário dela, enquanto o Eterno é a vida. Podemos até ver uma transposição eléctrica entre os aparelhos (humanidade) que recebem a corrente eléctrica e o gerador que a produz (Deus).

3-) painéis luminosos combinados

a-) Natureza dos algarismos 7 e 9

Os números 7 e 9 fazem parte do que chamamos de tripletos aritméticos unitários, pois possuem o mesmo centro de simetria que o número 1 em relação aos seus limites simétricos idênticos. É útil lembrar que o primeiro é duas (2) unidades menor que o segundo, ou que o segundo é também duas (2) unidades maior. Deste modo, o mesmo valor numérico, que é 2, sobe e desce. Assim, a adição e a subtração apresentam-se numa perceção triangular através do valor numérico que marca a diferença entre dois ou mais algarismos e números sucessivos. O número 7 é composto por um tripleto regressivo de valor 3+1+3=7 e um tripleto ascendente de valor 3+4+3=10, enquanto o número 9 está relacionado com os tripletos 4+1+4=9 e 4+5+4=13. Tendo em conta o exposto, os tripletos do número 9, somando os seus diferentes resultados, relacionam-se com o número 22=9+13. Na realidade, o tripleto ascendente do número 9 revela como resultado o número 13,

118

mas tem como centro de simetria o número 7. De facto, 6+1+6=13, e o número central simboliza o ramo central, incluindo o sétimo (7). Além disso, o número 7 está classificado em terceiro lugar (3), enquanto o número 9 está classificado em quarto lugar (4), pelo que, somando as suas classificações, o número 7 continua a destacar-se. O que podemos dizer sobre o grau de estagnação 7777 do painel luminoso da hanukiá? E sobre a sua leitura horizontal 7878787? Os números 7 e 9 são, evidentemente, ambos ímpares, mas o primeiro continua a predominar sobre o segundo. O número 7878787 é composto pelo triplo 888 e pelo quádruplo 7777, simbolizando os números 3 e 4, e remetendo ao mesmo tempo para as posturas dos números 7 e 9. Assim, o número 7878787 pode também ser lido como 9797979, por adição: (3x8)+(4x7)=24+28=52 e (3x7)+(4x9)=21+36=57. Tendo em conta o que precede, o número 52 aumentou 5 unidades, de acordo com o centro aritmético de simetria do número 9.

b-) o painel luminoso 7/4 e 9/5

A complementaridade da Menorá, por um lado, e da Hanukkiah, por outro, continua até criar um quadro luminoso único. O candelabro de 9 braços (9/5) é o comprimento, enquanto o candelabro de 7 braços (7/4) é a largura do retângulo. A pintura luminosa, tomada como uma construção tripla, refere-se a um retângulo. O seguinte exemplo ilustra perfeitamente o que foi dito acima:

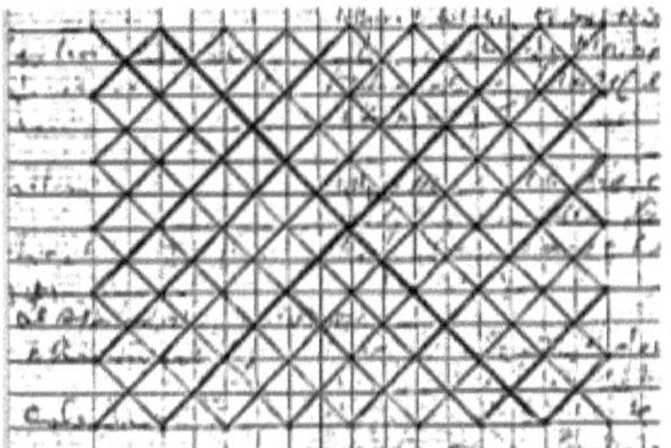

Fontes: N'NANG EBANE Sosthene Tresor

É necessário contar o número de quadrados contidos neste painel luminoso combinado. Há, evidentemente, várias maneiras de o fazer:

No plano vertical, temos:

5+6+5+6+5+6+5+6+5+6+5+6+5+6+5=(8x5)+(7x6)=40+42=82

Ou

(5+6)+(5+6)+(5+6)+(5+6)+(5+6)+(5+6)+(5+6)+5=11+11+11+11+11+11+11+5=(7 x11)+5=777+5=82

No plano horizontal, deitamo-nos:

7+8+7+8+7+8+7+8+7+8+7=(7+8) x 5+7=(15 X 5)+7=75+7=82

No plano oblíquo, colocamos:

2+4+6+8+10+11+11+10+8+6+4+2=2+28+22+28+2=30+22+30=(2X30)+22=60+2 2=82

À luz do que precede, note-se de passagem que as velas estagnam no duplo número

11, cuja soma é 22, que são respetivamente os valores intervalares dos números 12 e 23. De facto, é possível extrair o número 23 somando as dualidades verticais das três matrizes luminosas. Temos 7(2;3), 9(3;4), e 7,9(5;6), de onde se obtém: (2+3)+(3+4)+(5+6) = 5+7+11 = 23. O número 12 pode ser visto através dos trigémeos dos castiçais, 3+1+3 que se torna 1234 da direita para o centro, 1234 da esquerda para o centro, 1234 do centro para baixo, daí o número 444=3x4=12. E como o tripleto 4+1+4 pode ser lido como 4 da direita, 4 no centro e 4 à esquerda, então 444=3x4=12, ou 12+12=24. Há outro truque para encontrar o número 24 através da unidade dos castiçais. Sabemos que o número 7, apesar de ser um número ímpar e um tripleto aritmético unitário, é também um valor intervalar para o número 8, que por sua vez é um valor intervalar para o número 9. Assim, o tripleto 789 é obtido por adição: 7+8+9=(7+8)+9=15+9=24. É de salientar que o conjunto luminoso do 9 está cheio do tripleto 789. Os números 7 e 8 são ambos considerados como valores intervalares do número 9. Mesmo nesta disposição, a noção de triplicidade implica necessariamente a localização central de um elemento neutro, entre dois elementos da mesma natureza. Os algarismos 7 e 9 são números ímpares, mas o algarismo 8 é um número ímpar, e está simetricamente ligado a eles por um valor decrescente de +1.

c-) as 5 figuras geométricas internas

É importante notar que o número 5 é uma caraterística comum à Menorá e à Hanukkiah. Representa o ponto de estagnação da tabela luminosa 7/4, designando ao mesmo tempo o ramo principal da hanukiá, cujo tripleto ascendente é 4+5+4=13. Em termos de classificação dos tripletos aritméticos, ocupa o segundo (2º) lugar a seguir ao número 3. Mas o que é que simboliza dentro da matriz luminosa?

Painel luminoso 17

Fonte: NNANG EBANE Sosthene Tresor

É possível ver, a partir desta imagem luminosa, que as figuras geométricas mais proeminentes são de facto 5. Há quatro triângulos (4), cada um com um quadrado (1) no seu centro. Assim, o número 5 é uma perceção numérica das figuras geométricas que compõem a pirâmide. É importante notar, no entanto, que o quadrado é uma figura geométrica neutra em relação aos triângulos que o rodeiam, tal como os tripletos numéricos. Neste caso, o número 17 tem lugar de destaque, ou seja, 8+1+8=17. O número 1 simboliza, portanto, o quadrado, enquanto os números 8 designam as figuras trilaterais. A pintura luminosa, através do número 5, oferece a visão de uma pirâmide aberta.

4-) Características especiais dos painéis luminosos

a-) números ímpares

A configuração da caixa de luz, baseada num número ímpar, corresponde exatamente a um triângulo com um vértice. De facto, são vários os vértices que compõem o conjunto luminoso, mas apenas um se situa no centro, de acordo com a estrutura do tripleto aritmético utilizado como escala de construção. Note-se que a figura trilateral ocupa esta posição central tanto no nível superior como no inferior. A ilustração seguinte é construída em torno do número 7, cujo triplo correspondente é 3+4+3=10, ou seja, o tripleto ascendente:

O 7 iluminado

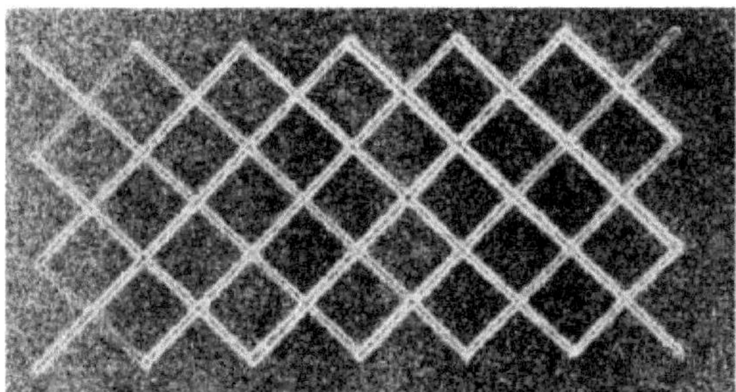

Fontes: N'NANG EBANE Sosthene Tresor

Numa pintura à luz, o triângulo cujos lados passam pelos ângulos rectos é chamado triângulo principal e está sempre no centro do quadrilátero. Os seus lados parecem fundir-se com as diagonais, passando pelos ângulos rectos, daí o termo "triângulo diagonal".

O retângulo recém-obtido como recipiente tem dois lados com comprimentos de 7 perfurações e dois lados com larguras de 4 perfurações. É evidente que o retângulo cujo interior está completamente vazio diz respeito a uma análise exclusivamente personificada. Por outras palavras, um estudo fora do grupo que é a pirâmide. No entanto, a representação das diagonais do quadrilátero liga-o à pirâmide numa perceção simplificada, resultando numa unificação dos vértices triangulares no seu centro. Os vértices dos triângulos da matriz luminosa apontam para o centro de cada lado mais comprido, pelo que, ao traçá-los simplesmente na vertical, descobrimo-los como "eixos de simetria", que constituem ao mesmo tempo as diagonais do quadrado vertical ou do quadrado rodeado de triângulos. Existe portanto uma ligação entre os vértices triangulares, os eixos de simetria e as diagonais, no interior do retângulo, que é o produto do tripleto aritmético, e portanto da simetria central e ortogonal. O tripleto aritmético é uma perceção aritmética das propriedades geométricas, tais como o paralelismo, a simetria

121

central, a perpendicularidade, a geometria fractal, etc. Em suma, o triângulo que aponta para o céu passa a apontar para baixo e o que tem o vértice inferior passa a apontar para cima, de modo a que os dois vértices se unam no centro do retângulo ou no centro das duas diagonais e dos eixos de simetria.

Os triângulos, tal como os rectângulos, têm 7 orifícios em cada lado, o que os torna iguais, e cada um tem 15 quadrados. Estes são os triângulos que se estendem para baixo e para cima, não os que rodeiam o quadrado.

"Se, numa dada figura geométrica, o comprimento das cordas dos triângulos opostos for igual ao comprimento das cordas dos últimos, então trata-se de um retângulo".

O quadrado que aparece no centro dos triângulos equiláteros tem 4 perfurações de comprimento em cada lado, ou seja, 4444, e tem 9 quadrados. O quadrado de 7 perfurações do número 7777 é reduzido a um quadrado de 4 perfurações do número 4444, ou seja, uma redução de 3 unidades (3). Partindo do centro do quadrado, ou seja, da diagonal do vértice, a base tem 4 perfurações, os lados do retângulo têm 4 perfurações cada um, o que dá o tripleto 444, cuja soma é 12. Assim, o tripleto 444 superior opõe-se ao tripleto 444 inferior, mas cada número 4 no centro refere-se à diagonal.

Se um quadrado está situado no centro da união de dois triângulos ëquiláteros invertidos cujos vértices apontam para as respectivas bases opostas, então falamos de "enquadramento trilateral num quadrilátero". Os comprimentos dos lados dos triângulos "quilaterais" são maiores que o comprimento do quadrado de 3 unidades respetivas. É assim que se revela a "diagonometria regenerativa".

Os ângulos rectos horizontais do azulejo estão ligados aos vértices dos triângulos equiláteros horizontais resultantes, cada um composto por 3 azulejos. É preciso dizer que estamos a assistir a um enquadramento da ordem de três através deste mecanismo, ou seja, 3<9>3, donde se obtém: Tn=n+(n*n)+n igual a 3+(3*3)+3=3+9+3=15.

Se o número 7 for usado como base para a construção de um retângulo através do seu tripé, então os triângulos dentro dele têm um único vértice e apontam para o valor numérico 15, como o grau de estagnação. A condensação numérica triangular correspondente é: 2+4+5+5+5+4+2=27. O número 5 aparece três (3) vezes, marcando a estagnação do triângulo para depois regredir de 4 para 2, ou seja, do vértice para a base. Se olharmos para a tríade do sol no céu, por exemplo, podemos obviamente supor que os números 2 e 4 designam o seu nascimento, o número 15 o seu zénite e, finalmente, os números 4 e 2 referem-se ao seu ocaso. Isto significa que o astro solar aquece mais no zénite, que é o seu grau mais elevado.

Analisando as diagonais, podemos compreender as diferentes relações de interdependência entre o quadrado, por um lado, e o triângulo, por outro, que se comportam como gémeos siameses em formas condensadas e fragmentadas. As figuras trilaterais estão fechadas ao quadrilátero de um lado, para depois se abrirem ao quadrilátero do outro (situação de rotação triangular em torno do quadrado).

b-) números pares

O número par escolhido para esta ilustração é o 8, cujo tripleto correspondente não é muito diferente do número 7. Este último tem uma unidade no centro, enquanto o primeiro tem duas unidades no meio, o que dá 3+1+3=7, em vez de 3+2+3=8. Para números e algarismos pares, T(n)=n+2+n é equivalente a T (3)=3+2+3=8 ou T(4)=4+2+4=10. Os tripletos ascendentes correspondentes são 3+(3+2)+3=3+5+3=11 e 4+(4+2)=4=4+6+4=14. "O impacto direto dos números pares é que os lados do triângulo que passam pelos ângulos rectos com o vértice não são unificados e tendem a perder-se entre vértices paralelos ou individuais". Uma perceção pictórica do que foi dito acima não é de todo enganadora:

Painel luminoso 8

Fontes: N'NANG EBANE Sosthene Tresor

Se observarmos com atenção a figura do trilátero, podemos ver que os lados que passam pelos ângulos rectos não têm vértices uniformes. No entanto, podemos destacar a presença de um triângulo com um vértice no meio, no nível inferior, mas cujos lados não passam pelos ângulos rectos do quadrilátero.

O triângulo com um único vértice tem 10 quadrados em vez de 15, e a ênfase está agora num número par. Se considerarmos os três triângulos, podemos ver que o número 5 está organizado de forma quádrupla. Por exemplo, T(n)= n+n+n+n ou n+(n*2)+n é igual a T (5)= 5+5+5+5=4*5=20 ou 5+(2*5)+5=5+10+5=20. O número 7 oferece uma perceção tripla do número 5 através do número 15, enquanto o número 8 revela uma disposição quádrupla do número 5, cuja soma é 20. O número 7 evoca o número 3, enquanto que o número 8 remete para o número 4. No entanto, quanto mais o primeiro estiver dentro do segundo, mais o número 8 evocará tanto a unidade do número 3 como símbolo do número 7, como o número 4 como a sua própria representação regressiva. É por isso que o Hapre Sagrado tem 8 perfurações superiores, 8 cordofones e 8 perfurações inferiores. Em segundo lugar, tem também 8 vícios, 8 perfurações superiores, 8 cordofones e 8 perfurações inferiores. Assim, o triplo 888 representa o número 7, enquanto o quádruplo 8888 representa o número 8. Descobriu-se mais tarde que os números 7 e 8 são valores aritméticos internos do número 9, do qual deriva o Ngoma, Ngombi ou Harpa Sagrada. Nesta mesma perspetiva, o número 7 e o número 9 ocupam a mesma

123

posição em termos de números ímpares que podem ser construídos em forma de tripleto, ou seja, o 3º e o 4º. O número 4 é assim comum aos números

8 é a sua metade 4+4=8, e o número 9 são os seus dois terminais simétricos 4+1+4.

Nesta configuração, as diagonais formam quatro (4) triângulos equiláteros com dois vértices diferentes: dois (2) em cima e dois (2) em baixo, dois (2) a dois (2). É o que se designa por "colapso triangular diagonal". Este fenómeno matemático é também conhecido como "sombreamento triangular em M ou W". Com efeito, existem dois vértices paralelos situados acima um do outro, no meio, numa região inferior.

Observa-se que apenas os números pares produzem o efeito triapatita triangular ou sombreamento triangular diagonal, porque têm um centro de equilíbrio diferente de um (1).

Se um triângulo tiver dois vértices paralelos e um vértice inferior, então trata-se de uma situação de sombreamento triangular diagonal, que só é possível utilizando metade de um número par como comprimento do quadrado.

O triângulo tripartido tem um total de 20 quadrados, apenas menos um do que a figura trilateral do quadrilátero. No entanto, continua a existir uma estrutura tripartida expressa no mesmo. T(n)=n+(nx2)+n é equivalente a T(5)=5+(2x5)+5=5+10+5=20. Alternativamente, T(n)=4*n é equivalente a T(5)=4x5=20, correspondendo ao grau de estagnação do triângulo. A condensação triangular numérica correspondente é: 2+4+5+5+5+5+5+4+2=6+20+6=32. O símbolo numérico da visão que permanece no vértice do triângulo é: 6<20>6.

À luz do que precede, o número 8 funde-se com o número 7 porque, como não é um número ímpar, o mesmo quadrado com 4 perfurações de comprimento aparece duas vezes na situação reduzida. T(n)=n+[(nxn)+(nxn)]+n é igual a T(3)= 3+[(3x3)+(3x3)]+3=3+9+9+3=   3+(9+9)+3=3+18+3=24,   por   extensão: T(n)=n+(n+2)+(n+7)+(n+2)+n é igual a T(3)=3+(2+3)+(3+7)+(2+3)+3 = 3+5+10+5+3=(3+5)+10+(5+3)=8+10+8=26. Na realidade, para obter o número exato de quadrados, temos de adicionar o número 3 a cada extremidade de T(5). T(n)=n+[(3x(2+n)]+n é igual a T (3)=3+[(3x(2+n)]+3=3+[(3x(2+3)]+3 = 3+(3x5)+3=3+15+3=21.

Fig: Sombreamento triangular diagonal

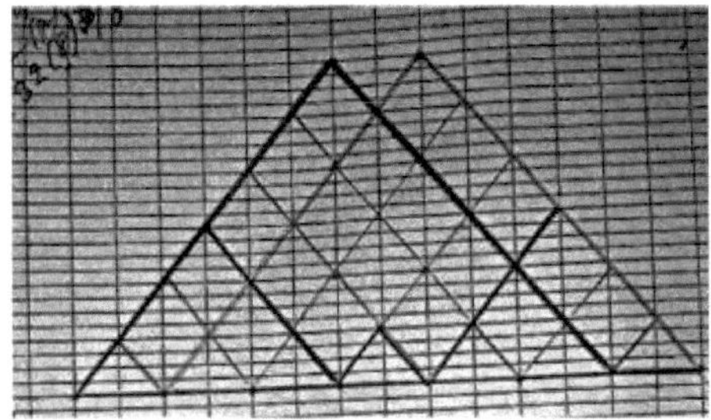

Fontes: NNANG EBANE Sosthene Tresor

Nesta configuração, o quadrado no centro das figuras trilaterais é contado duas vezes (2). Assim, T(n)=n+(nx2)+n é equivalente a T(n)=n+(nxn)+(nxn)+n= T(3)=3+(3x3)+(3x3)+3=3+9+9+3=3+(9+9)+3=3+18+3=21. Um triângulo contido num quadrado cujo comprimento é 8 perfurações contém 21 quadrados. Note-se que o sombreamento triangular diagonal unifica, de facto, dois triângulos que são equiláteros, mas que se tornam isolados em relação ao comprimento da sua base comum.

Se um triângulo tem dois vértices paralelos e um vértice inferior, e o comprimento da sua base comum é maior do que o comprimento de um dos seus lados, que são iguais dois a dois, então é um triângulo diagonal sombreado.

Se um triângulo tem dois vértices paralelos e um vértice central inferior, então o quadrado que o contém é também naturalmente duplo, com exatamente as mesmas dimensões.

A diagonometria permite-nos compreender a possível mutação de um triângulo isósceles num triângulo equilátero, e vice-versa, utilizando a diagonal como eixo de simetria, através do paralelismo e da disposição fractal dos segmentos de reta que lhe são paralelos.

Os números ímpares referem-se a triângulos com um único vértice em altura, enquanto os números pares são sinónimos de triângulos com dois vértices paralelos e um vértice superior e outro inferior.

O sombreado diagonal triangular exprime simplesmente a passagem da unidade à dualidade. Um elemento único capaz de se regenerar sobre si mesmo, com a consequência óbvia de dar origem ao seu próprio duplo. A diagonometria mostra, sem dúvida, que nem o quadrado nem o triângulo podem ser realmente independentes um do outro.

O triângulo pode ser transportado pelo quadrado, tal como a figura trilateral transporta o quadrilátero numa disposição vertical. Voltaremos a este ponto numa análise posterior. Esta observação contém uma ideia muito profunda sobre o tempo, segundo a qual tudo o que foi criado está necessariamente destinado a chegar ao fim, porque a vida é um ciclo. Os dominantes de hoje serão os dominantes de amanhã, e vice-versa.

A tabela abaixo ilustra os valores numéricos do triângulo, consoante os dígitos e os números sejam pares ou ímpares:

A evolução dos cordões dentro da moldura

Figuras geométricas	Carre					Triângulo
Números	Valor interno 1(VI1) n-2	Valor interno 2 (VI2) n-1	VI1+VI2	VI1XVI2	Multiplicação por 2	Divisão par 4
1	-	-			-	-
2	0	1	1	1	2	0,5
3	1	2	3	2	4	1

4	2	3	5	6	12	3
5	3	4	7	12	24	6
6	4	5	9	20	40	10
7	5	6	11	30	60	15
8	6	7	13	42	84	21
9	7	8	15	56	112	28
10	8	9	17	72	142	35,5
11	9	10	19	90	180	45
12	10	11	21	110	220	55
13	11	12	23	132	264	66
14	12	13	25	156	312	78
15	13	14	27	182	364	91
16	14	15	29	210	420	105
17	15	16	31	240	480	120
18	16	17	33	272	544	136
19	17	18	35	306	612	153
20	18	19	37	342	684	172
21	19	20	39	380	760	190
22	20	21	41	420	840	210
23	21	22	43	462	924	231
24	22	23	45	506	1012	253
25	23	24	47	552	1104	276
26	24	25	49	600	1200	300
27	25	26	51	650	1300	325
28	26	27	53	702	1404	351
29	27	28	55	756	1512	378

Fontes: N'NANG EBANE Sosthene Tresor

A tabela mostra uma sequência de triplas aritméticas, tendo em conta a coluna de dados VI1+VI2. Verifica-se que os seus diferentes resultados estão relacionados com os números ímpares tomados como tripletos aritméticos. Os dados vão de 1 a 55, e evoluem segundo a ordem de crescimento de duas (2) unidades. No entanto, é aconselhável considerar apenas os dados da coluna da divisão por 4, para descobrir a que número de quadrados corresponde um dado algarismo ou número, consoante seja par ou ímpar. Exemplo: o número 7 está ligado ao número 15 (número de quadrados e grau de estagnação), o número 8 ao 21, o número 9 ao 28 (número de quadrados e grau de estagnação), e assim por diante.

5-) o hexagrama

É importante continuar com o retângulo obtido acima, baseado na estrutura interna do instrumento Mvet Oyeng, que também é comum aos castiçais judeus. Todos os instrumentos religiosos têm um ângulo reto, o que lhes confere uma forma alfabética que remete para a letra T. A forma do Mvet descreve um ângulo reto. A forma do Mvet representa um T de cabeça para baixo, enquanto a forma dos castiçais revela a sua posição normal. O desenho triangular que se segue é retirado de um castiçal de 9 braços:

Figura: um esboço retangular

△   △   △   △   △   △   △   △   △

△   △   △   △   ♡   △   △   △   △

△   △   △   △   ♡   △   △   △   △

△   △   △   △   △   △   △   △   △

△   △   △   △   ♡   △   △   △   △

Fonte: NNANG EBANE Sosthene Tresor

É necessário desenhar dois triângulos invertidos, o primeiro dos quais apontará para o céu, enquanto o segundo apontará para baixo. Os vértices das figuras trilaterais são fixados nos "centros" ou "meios" de cada um dos comprimentos dos quadriláteros. Recordando o tripleto numérico 4-1-4, cuja soma é 9, e 4-5-4=13, os números 1 e 5 designam o centro de cada comprimento segundo a fórmula matemática utilizada: ou seja, $T(n)=n+1+n$ é igual a $T(4)=4+1+4=9$ e $T(4)=4+(4+1)+4 = 4+5+4=13$. O resultado seguinte deixa-nos sem palavras:

Fig: 1'hexagrama

Fonte: NNANG EBANE Sosthene Tresor

Pode ver-se que existem dois triângulos invertidos no interior do retângulo. O comprimento do retângulo acima é de 17 cm e o tripleto correspondente é 8-1-8, enquanto a largura mede 9 cm e o tripleto é 4-1-4.

Os triângulos invertidos resultantes não são muito diferentes da Estrela de David, conhecida como um dos símbolos emblemáticos da religião judaica:

"De um ponto de vista puramente estético, corresponde ao que chamamos de hexagrama. Esta forma gëomëtrica poderia ser escrita pela sobreposição de dois triângulos, um apontando para cima, o outro apontando para baixo".

O instrumento Mvet, com o seu triângulo virado para o céu, é, portanto, metade do hexagrama, pois o triângulo virado para baixo não está representado. No sentido inverso, os triângulos dos castiçais apontam apenas para baixo, porque os cortes, pelo seu alinhamento, simbolizam a base do triângulo, constituindo ao mesmo tempo uma das diagonais do quadrado, daí o termo "triângulo diagométrico". É, portanto, possível encontrar figuras geométricas que se assemelham a este último, sem dúvida para ampliar mais uma vez o aspeto misterioso da arte sacra. É também conhecido como o "Escudo de David", tal como o Ekang Mvet é um escudo protetor do povo Ekang.

Existem 12 triângulos no total, 10 dos quais são formados pelos triângulos principais invertidos, formando um quadrado no meio, que pode ser dividido em 4 triângulos. São, portanto, 11 figuras geométricas presentes no hexagrama, 10 triângulos e 1 quadrado. Existem, portanto, 10 correspondências triangulares em triplas, do menor valor para o maior. Temos: 111, 222, 333, 444, 555, 666, 777, 888, 999 e 101010.

O triângulo dos castiçais é o dobro do do Ngombi, porque está dividido em dois planos paralelos de correspondência, como o do Mvet Oyeng. À esquerda, os 4 copos horizontais estão ligados ao ramo principal por 4 junções, o conjunto está ligado por 4 ramos. Do lado direito, há 4 copos, 4 junções e, evidentemente, 4 ramos, pelo que 444=(3x4)=12 e 444=(3x4)=12, e 12+12=(2*12)=24. Para o castiçal com 7 ramos, 333=(3x3)=9 e 333=(3x3)=9, e 9+9=(2x9)=18.

Excluindo o quadrado contido na formação triangular, ao contrário, é possível estabelecer uma relação matemática com a imagem abaixo. Uma outra relação aritmética pode ser estabelecida através do hexagrama obtido, para melhor explicar a imagem da múmia de pé junto a um triângulo que tem o tripleto 123 inscrito no seu interior e o tripleto 345 no seu exterior. A visualização da imagem é de extrema importância:

Fig 3: Múmias e pirâmide

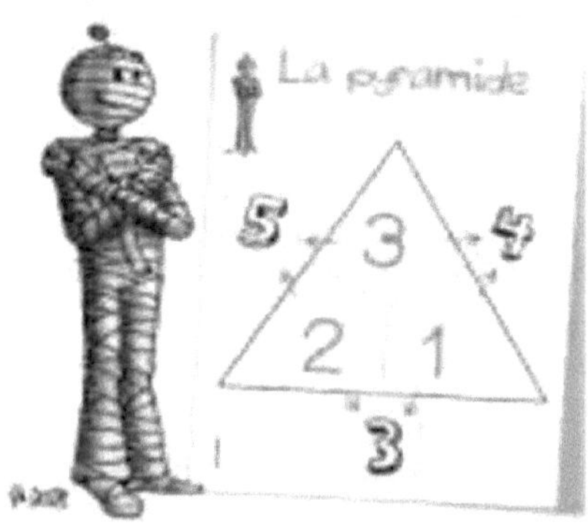

Fontes: https//:www.mummies2pyramid.com

Cada triângulo é o produto de três (3) pontos alinhados, pelo que a soma é 6, tal como 1+2+3=6. Além disso, a união dos quatro (4) triângulos com o quadrado (1) no centro revela uma figura geométrica com 12 lados. Cada triângulo tem dois (2) lados (2x4=8), mas as suas bases coincidem com os quatro (4) lados do quadrado (4+8=12). Por outras palavras, o triplo 231 simboliza o triângulo que aponta para o céu, enquanto o triplo 534 simboliza o triângulo que aponta para baixo. O hexagrama é assim construído em torno do número 12, que é uma leitura centrada numa das partes do castiçal de 9 ramos.

O hexagrama é o produto da geometria fractal construído pela correspondência paralela e perpendicular de um tripleto aritmético tomado como escala de construção dentro de um retângulo virtual, cujo conjunto se relaciona com a imagem de uma pirâmide aberta, mais precisamente a unidade de dois triângulos principais cujos vértices apontam para o centro de cada uma das bases opostas, dando origem a quatro triângulos e um quadrado combinado.

O hexagrama oferece uma metamorfose das diagonais do quadrado nos comprimentos dos lados dos triângulos, cujos vértices desempenham o papel de eixos de simetria. Assim, as diagonais do quadrado são reconvertidas em eixos de simetria, e depois os eixos de simetria em diagonais do quadrado. Isto só é percetível completando a figura geométrica, pois os castiçais e o Mvet Ekang propõem uma face superior ou inferior do ângulo reto que constitui o seu esqueleto comum. O hexagrama é também uma figura geométrica vista ao meio.

6-) A aresta vertical

A fase de análise conduz sempre a um interesse pelas diferentes formas geométricas no interior do retângulo. Depois dos triângulos invertidos, é a vez de descobrir o quadrado. Este já não é um quadrado vulgar, mas um quadrado dito vertical. Seria certamente fácil de compreender que é a sua posição entre dois triângulos invertidos que favorece esta configuração.

Já foi dito acima que o azulejo comum é coberto por quatro triângulos. O valor do comprimento do lado V(n) é superior em duas (2) unidades ao primeiro valor do crescimento dos ladrilhos no seu interior VI1(n) e uma vez superior ao segundo valor da ordem de evolução dos ladrilhos internos VI2(n). O quadrilátero, em contraste com a disposição dos cordofones, permite que os ladrilhos evoluam numa curva descendente e ascendente até ao infinito. Os castiçais também obedecem a esta configuração.

Pelo contrário, o quadrado vertical não conhece uma passagem interna do valor mais pequeno para o maior, mas sim uma constância infinita. Um exame da figura geométrica é altamente recomendável:

Fig: 1'hexagrama

Voltemos à escala de construção. O comprimento do retângulo é 17 cm, e o tripleto regressivo T (n)=n+1+n é igual a T (8)=8+1+8=17 e o tripleto ascendente T (n)=n+(n+1)+n é igual a T (8)=8+(8+1)+8=8+9+8=25. A aresta vertical é simbolizada em ambos os casos pelos números 1 e 9, mas para determinar o comprimento dos seus lados, temos de considerar o ponto médio de T(8)2, ou seja, o número 9. Assim, V(n) é 9 cm, mas VI(n) é 8 cm, demonstrando mais uma vez que o segundo número é expresso dentro do primeiro, em memória do triângulo Ngombi. O comprimento do azulejo é, portanto, 9 cm, mas o número de azulejos entre eles é 8 por quadrado. ᴨᴬᴬVI(n)=(Vn- 1) 2 é igual a VI(n)=(9-1) 2=8 2=8*8=64. O número 64 representa a soma dos azulejos de um azulejo vertical cujos lados têm 9 cm de comprimento.

É, portanto, o tripleto numérico que favorece a posição do quadrado vertical num hexagrama, que se inscreve no retângulo. É conveniente reconhecer que tudo se constrói em torno do número 3, o quadrado é interno aos triângulos, que por sua vez se inscrevem no retângulo. O hexagrama implica necessariamente uma composição tripartida de figuras geométricas particulares, daí a expressão da multiplicidade na unidade.

Para além do retângulo, o tripleto também pode ser utilizado para criar o hexagrama. O quadrado é uma consequência direta da estrela de seis pontas. O quadrado comum tem dois valores internos (-2) e (-1), enquanto o quadrado vertical contém um único valor interno (-1). O primeiro refere-se a "decadência" (\) e "crescimento" (/), enquanto o segundo denota "estagnação" (/   ).

Um único valor numérico é contínuo no exterior do azulejo, incluindo desta vez o interior. A estagnação está em pleno andamento neste esquema, com o pensamento interior expresso a partir do exterior. O quadrado vertical representa assim o domínio da matéria pelo espírito, o estádio de maturidade, a capacidade de canalizar as energias para atingir um objetivo preciso. Esta postura da figura geométrica enquadra-se perfeitamente no termo Mvet, que designa a elevação, e na luminosidade evidenciada pelos castiçais, que na realidade implica enormes sacrifícios para concretizar um projeto que nos é caro.

A forma não é apenas para ser traçada sem compreender a ideia que lhe está subjacente. O olhar de alguns limita-se ao instrumento como um simples objeto popular, o que é um erro evidente que deve ser lamentado. A postura do quadrado, mal assente no chão, assemelha-se a um homem que anda na ponta dos pés para manter a sua altura, e o nome da arte sacra revela também essa aspiração majestosa. O desapego da alma aos bens materiais é aqui claramente expresso, e a necessidade de a humanidade consultar o mundo das inteligências implacáveis é uma mensagem melodiosa trazida à tona por este símbolo.

7-) Os triângulos rectângulos

O hexagrama inscrito no retângulo permite agora compreender a verdadeira natureza dos triângulos da Menorá tradicional, da Hanukkiah e da Mvet Ekang. Já não se baseia no tipo de triângulo, mas nos seus componentes, com referência ao hexagrama. Vejamos mais de perto a figura geométrica:

Fig: o hexagrama

Fonte: NNANG EBANE Sosthene Tresor

O triângulo dos castiçais aponta para baixo, enquanto o triângulo do Mvet aponta para cima, razão pela qual os dois juntos formam o hexagrama. Naturalmente, é importante considerar apenas o triângulo que aponta para cima, o que significa que o instrumento é representado pela metade, tal como o triângulo Ngombi, que é na realidade a metade de um quadrado. É, portanto, a ascensão que se revela como a ideia primordial.

Voltemos à composição da figura trilateral, que compreende um "quadrado vertical" situado acima de "dois triângulos isolados", ou seja, um à sua direita e outro à sua esquerda. São, portanto, três (3) triângulos, sendo que o maior deles tem no seu interior dois outros de igual dimensão. Nesta perspetiva, a ênfase é colocada em elementos da mesma natureza, o que remete para as meias cabaças (3) da mesma porção, e para as chávenas do mesmo tamanho. Por outro lado, a postura do quadrado vertical entre dois triângulos isolados remete para a unidade dos opostos, o que corresponde ao meio-calabastro grande entre dois outros do mesmo tamanho, tal como o Shamash é mais alto do que os ramos auxiliares do candelabro de 9 ramos. Os quadrados e os triângulos são figuras geométricas, mas diferem na sua natureza. O quadrilátero está disposto como um pássaro com as asas estendidas e as pernas unificadas. Um dos seus quatro ângulos rectos toca a base do grande

131

triângulo, enquanto os três restantes ângulos permanecem elevados. A imagem da Virgem Maria e a de Jesus Cristo estão efetivamente contidas nos quadrados verticais virtuais. A imagem a seguir é uma ilustração perfeita do que foi dito acima:

Fig: um triângulo abre-se

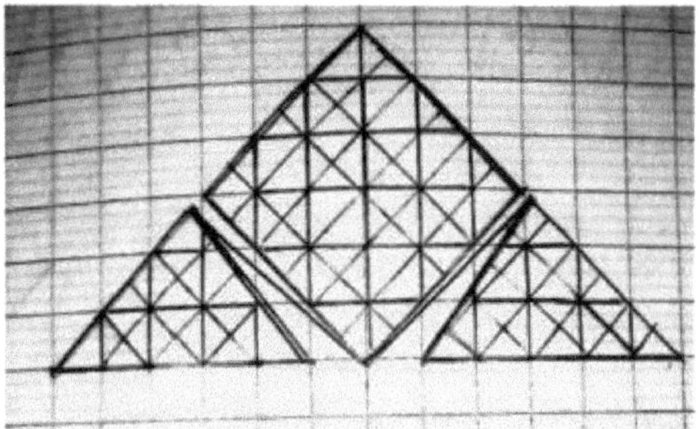

Fonte: NNANG EBANE Sosthene Tresor

A aresta vertical está situada exatamente sobre dois triângulos isolados do mesmo tamanho. O quadrilátero parece, portanto, mais imponente do que as figuras trilaterais em conjunto. O número três (3) é recorrente na arte sacra, não só para indicar os três lados do triângulo, mas também para designar as figuras geométricas que o compõem. O número evoca assim tanto a homogeneidade (triângulo externo (1) e triângulos internos (2)) como a disparidade (quadrado (1) e triângulos (2)), um único elemento adoptando várias configurações internas. Uma multidão triangular, compacta numa visão fixa e dispersa (móvel) através do seu dinamismo interno. Tudo nos leva a crer que é a configuração interna do triângulo global que é assim posta em evidência pelo estudo. Do que precede, resulta claro que o quadrado é um "triângulo quádruplo", associado aos triângulos internos (2), pelo que o triângulo contido nos castiçais se revela em 7 dimensões. O triângulo global (1), os triângulos que compõem o quadrado (4) e as figuras trilaterais por baixo do quadrilátero (2). O triângulo revela-se assim como a figura geométrica dominante, porque constitui o quadrilátero. Assim, os 7 ramos do candelabro ou Menorá podem também referir-se não só ao triângulo como figura geométrica mais proeminente, mas também aos seus componentes internos, incluindo o quadrado e dois outros triângulos. A configuração da figura geométrica e a chama contida nas taças trazem à tona a ideia de que o que deve ser valorizado é o conteúdo e não o recipiente. Este conteúdo não é nem mais nem menos do que a expressão do invisível, ou muito simplesmente uma expressão simbólica do divino. As memórias civilizacionais descrevem a metamorfose do triângulo numa multiplicidade de figuras geométricas: o quadrado, o retângulo e a pirâmide, através da reconversão das diagonais em eixos de simetria, sob o impulso do tripleto aritmético.

8-) Quadriláteros cruzados, convexos e côncavos

Tivemos a ideia de nos referirmos à "diagonometria" como o ramo da matemática, ou mais precisamente da geometria, que se centra no estudo do comportamento das diagonais numa dada forma geométrica. Utilizando a sua postura como eixo de simetria, passamos de uma figura geométrica para outra, que é como passamos do triângulo para o quadrado. No entanto, o foco será o retângulo como componente geométrico do hexagrama. Tal como acontece com os triângulos cruzados, também descobrimos que os rectângulos também são cruzados. Mas o mais importante é notar que os rectângulos cruzados estão, na verdade, inscritos num retângulo virtual, de acordo com a própria posição das diagonais. É por isso que decidimos analisar os quadriláteros cruzados, convexos e côncavos. É conveniente rever o nosso hexagrama abaixo:

Fig: o hexagrama

Fonte: NNANG EBANE Sosthene Tresor

Depois de olharmos mais de perto para esta forma geométrica, tendo em conta todo o plano, descobrimos que dois rectângulos se intersectam dentro de outro. Este último ocupa uma posição horizontal ou normal, enquanto as cruzes se relacionam com as suas diagonais. Nesta primeira situação, estão, portanto, no interior do quadrilátero ordinário. O estudo da posição interna das diagonais no quadrilátero mostrou que, se os quatro pontos ABCD estiverem alinhados de modo a que (AB)=(CD) e (AD)=(BC) simbolizem, respetivamente, os comprimentos e as larguras, então (AC) e (BD) constituem as diagonais desse quadrilátero. Por isso, diz-se que o quadrilátero é convexo devido à ação das diagonais:

"convexo A: as 2 diagonais estão no interior".

Falamos então de um quadrilátero convexo quando as suas diagonais se situam no seu interior, intersectando-se no seu ponto médio, que é o centro de simetria. É importante sublinhar de passagem que é de facto o núcleo da figura geométrica, incluindo as diagonais, que favorece esta designação e não a sua configuração externa. Os três rectângulos do hexagrama constituem assim um quadrilátero convexo.

Na segunda configuração, precisamos agora de fazer uma pequena alteração, através da relação reta entre os três rectângulos. O foco principal será sobre as diagonais, antes dos comprimentos e larguras do retângulo virtual. Isto sugere que as diagonais serão primeiro extraídas da grelha retangular para uma análise personalizada, antes de serem transcritas mais tarde. Assim, é conveniente considerar as diagonais (AC) e (BD), antes de considerar mais tarde as dimensões (AB), (CD), (AD) e (BC), pelo que dizemos que as diagonais estão no exterior. Observe que:

"cruzes A: as 2 diagonais estão do lado de fora".

Nesta configuração, os lados (AB) e (CD), depois os lados (AD) e (BC), são portanto complementares das diagonais (AC) e (BD). O lado exterior do quadrilátero é influenciado pelo seu lado interior, o que sugere que são as diagonais que, em última análise, animam a forma geométrica. Assim, as diagonais (AC) e (BD) constituem a forma primária do quadrilátero.

A terceira configuração consiste em reconsiderar o retângulo da primeira situação (cruzes), reconhecível pelos lados (AB)=(CD), (AD)=(BC), e pelas diagonais (AC) e (BD). O lado (AD) será então modificado, tornando-se um ângulo pontiagudo no interior do retângulo, dando-nos (AB), (BC), (AD) e (CD). Podemos ver que a diagonal (BD) estará dentro do quadrilátero traçando a diagonal (AC), que estará fora desta figura geométrica. Portanto, estamos a falar de quadriláteros côncavos:

"côncavo A: uma diagonal está no interior, a outra está no exterior".

O que precede mostra que as diagonais desempenham simultaneamente o seu papel principal no quadrilátero e podem também definir o seu lado. Esta terceira configuração é coerente com o caso do instrumento tradicional Ngoma ou Harpa Sagrada, cuja oitava (8ª) corda simboliza a base do triângulo, que constitui de facto a diagonal principal do quadrado de 9 cm de comprimento. Para que a diagonal desempenhe o papel de lado de uma figura geométrica, é necessário que seja semelhante a um triângulo. Na realidade, os pontos ABC, sem ter em conta o ponto D, correspondem a um triângulo. Neste caso, o lado (AC) forma a base do triângulo em questão, enquanto os lados (AB) e (BC) se unem no seu vértice.

"A transformação de um quadrilátero num triângulo é acompanhada pela conversão de uma das suas diagonais numa base triangular. É este o g'om'trique ddorem que o instrumento tradicional Ngombi foi pioneiro, graças à disposição dos cordofones que o compõem".

A diagonometria é, pois, o estudo do comportamento das diagonais de um quadrilátero, favorecendo a sua transformação numa figura trilateral, através da exclusão sistemática ou não de uma das diagonais, passando a outra a constituir a base da nova figura geométrica obtida.

"A diagometria explica a transformação de um quadrilátero numa figura trilateral pela ação das diagonais."

A Menorá, a Hanukkiah, a Mvet Ekang e a Harpa Sagrada são todas construções côncavas, porque a diagonal é utilizada como base triangular das suas diferentes estruturas geométricas. Por conseguinte, é possível falar de um "triângulo côncavo" para significar que é originalmente desenhado a partir de um quadrilátero pela ação das diagonais. A presença das diagonais no quadrado e no retângulo reflecte a ideia de que, de uma forma ou de outra, os quadriláteros permanecem ligados à figura trilateral. O hexagrama é, portanto, uma perceção prática desta unidade prática.

9-) Cálculo de valores

Os instrumentos musicais de cordas dedilhadas e os castiçais têm geralmente um triângulo como estrutura principal, mas através da diagonal, que é efetivamente a sua base, chegamos a um quadrado. Este quadrilátero é, por sua vez, coberto por quatro triângulos que se encontram no centro da intersecção das diagonais.

A primeira coisa a notar é que o comprimento de um determinado triângulo está contido num número que é uma unidade superior a ele. Pois a primeira figura trilateral apresenta apenas uma perceção paralela e tripla dos números, enquanto a segunda envolve mais uma unidade no seu vértice, dando origem à perpendicularidade. É uma visão quádrupla das figuras ou dos números no plano.

Em segundo lugar, o volume das formas geométricas torna-se mais imponente quanto maior for a medida do comprimento do lado do quadrado.

Estas duas observações permitiram elaborar um quadro de correspondências entre os comprimentos dos quadrados e dos triângulos que contêm. O comportamento interno das diagonais também é destacado nesta tabela. A tabela é composta por sete (7) colunas:

o primeiro da esquerda para a direita refere-se aos diferentes comprimentos da aresta,

a segunda coluna mostra o valor decrescente dos ladrilhos,

o terceiro refere um aumento da visão,

o quarto revela as suas somas,

o quinto diz respeito aos seus produtos,

o sexto ao produto dos valores triangulares tomados em conjunto, finalmente,

o sétimo para o número de quadrados numa única figura trilateral.

A evolução dos valores aritméticos do quadrado ao triângulo

Figuras geométricas	Carre		Triplos ímpares			Triângulo
Números	Valor interno 1(VI1) n-2	Valor interno 2 (VI2) n-1	VI1+VI2	VI1XVI2	Multiplicação por 2	Divisão par 4
1	-	-			-	-
2	0	1	1	1	2	0,5
3	1	2	3	2	4	1
4	2	3	5	6	12	3
5	3	4	7	12	24	6
6	4	5	9	20	40	10
7	5	6	11	30	60	15
8	6	7	13	42	84	21
9	7	8	15	56	112	28
10	8	9	17	72	142	35,5

11	9	10	19	90	180	45
12	10	11	21	110	220	55
13	11	12	23	132	264	66
14	12	13	25	156	312	78
15	13	14	27	182	364	91
16	14	15	29	210	420	105
17	15	16	31	240	480	120
18	16	17	33	272	544	136
19	17	18	35	306	612	153
20	18	19	37	342	684	172
21	19	20	39	380	760	190
22	20	21	41	420	840	210
23	21	22	43	462	924	231
24	22	23	45	506	1012	253
25	23	24	47	552	1104	276
26	24	25	49	600	1200	300
27	25	26	51	650	1300	325
28	26	27	53	702	1404	351
29	27	28	55	756	1512	378

Fontes: N'NANG EBANE Sosthene Tresor

O quadro acima mostra que os números ímpares são obtidos pela soma dos valores no interior do quadrado, segundo comprimentos específicos. Eles definem uma evolução em ziguezague do conjunto das diagonais do quadrado, ou seja, a imagem de uma "água ondulante". Estes números ímpares são utilizados para construir o retângulo no qual se inscreve o hexagrama. Aconselha-se a colocar o seu olhar sobre a coluna VI1+VI2.

A relação entre o quadrado e o retângulo é também claramente estabelecida em termos da distribuição dos valores numéricos em função dos comprimentos do quadrado dado. Se o quadrado normal tem 8 cm de comprimento, o quadrado vertical tem 9 cm de comprimento. De facto, quando o número é colocado em triplas, 8+1+8=17 e 8+9+8=25, o número 9 indica o comprimento do quadrado vertical.

Obviamente, existe também uma relação estreita entre o comprimento do lado do quadrado e o número de segmentos de reta paralelos à diagonal. Se o lado do losango tem 7 cm de comprimento, então contém 10 segmentos de reta paralelos à diagonal. Há 11 segmentos de reta paralelos contados numa só direção, de baixo para cima ou de cima para baixo, 22 segmentos de reta em ambas as direcções e outros 22 na outra direção da diagonal, cuja soma é 4x11=44.

O número 7 está sempre associado ao número 11, que soma 22, o símbolo das letras do alfabeto hebraico. O conjunto luminoso combinado da Menorá e da Hanukkiah estagna duas vezes no número 11, demonstrando o carácter omnipresente do número 7 em relação ao número 9. O primeiro tende a tornar o segundo menos expressivo. O número 7 é uma perceção singular da vida hebraica, centrada em torno do símbolo geométrico da pirâmide.

A diagonal principal do quadrado simboliza o número que é uma unidade minúscula inferior ao comprimento do quadrado. Assim, se os lados tiverem 10 cm de comprimento cada um, a diagonal principal forma a 9ª paralela do plano. O triângulo da Harpa Sagrada ou Ngombi é desenhado a partir de um quadrado com 9 cm de lado, o que lhe dá 8 cordofones.

Para além dos números ímpares tomados como tripletos numéricos, a diagonal, que é o eixo de simetria do quadrado em relação aos segmentos de reta que o rodeiam, também está disposta em tripletos. Se o comprimento do lado de um losango é 9 cm, então o seu tripleto diagonal ascendente correspondente é anotado: 7+8+7=22. Por outro lado, o seu triplo diagonal descendente é representado por 7+1+7=15. Também é possível haver um tripleto diagonal idêntico ou estagnado com a seguinte notação: 8+8+8. Daí que as respectivas fórmulas matemáticas, T(n)=n+(n+1)+n, T(n)=n+1+n e T(n)=n+n+n, sejam iguais a n 3.

Na realidade, o tripleto numérico da estagnação impõe a destruição do quadrado para considerar nem mais nem menos que o triângulo. Recordando o triângulo Ngoma, que é metade do quadrado e tem 9 cm de comprimento, podemos ver que tem 8 perfurações superiores, 8 cordofones no centro e 8 perfurações inferiores, ou seja, um punho diagonal puramente paralelo. Assim, este tripleto corresponde à fórmula: T(n)=n+n+n é igual a T(n) 3 n. Assim, T(8)=8+8+8 é equivalente a T(8)= 3x8=24.

Os trigémeos numéricos aparecem no quadrado porque os triângulos estão cobertos pelo quadrado, de acordo com a inserção de cordofones nas formas geométricas, que é uma prática ancestral africana. "A necessidade de tornar a pirâmide menos pesada é um desejo que há muito se exprime através deste engenhoso saber-fazer".

Enquanto o primeiro quadro apresenta apenas uma distribuição bipartida dos valores no interior do quadrado e do triângulo, o segundo sublinha uma divisão tripartida, o retângulo, o quadrado, depois o triângulo, incluindo o hexagrama numa figura geométrica globalizante. O quadro é composto por sete (7) colunas:

o primeiro (1º) da esquerda para a direita refere-se aos diferentes algarismos e aos números naturais

a segunda (2ª) refere-se a triplas numéricas descendentes, cuja soma se refere ao próprio número

o terceiro (3º) relata a visão crescente dos trigémeos numéricos (ascendentes),

a quarta (4ª) revela as suas somas, as das triplas ascendentes

o quinto (5º) refere-se aos totais das peças do quadrado de acordo com os valores numéricos especificados

finalmente,

o sexto ano (6eme) ao número de quadrados de uma figura trilateral individualmente.

Note-se, no entanto, que o número de quadrados de um retângulo cruzado é a soma dos dois triângulos opostos ao quadrado, mais o conteúdo do quadrado.

Variação dos valores aritméticos dos rectângulos, quadrados e triângulos

		Retângulo		Carre	Triângulos
Números e cifras	Tripletos descendentes T(n)=n+1+n	Tripletos ascendentes T(n)=n+(n+1)+n	Total	Número de peças no quadrado V(n)-1=VI VI xVI	Número de quadrados em triângulos
1	0-1-0	1	1	0	0
3	1-1-1	1-2-1	4	1	1
5	2-1-2	2+3+2	7	4	6
7	3-1-3	3+4+3	10	9	15
9	4-1-4	4+5+4	13	16	28
11	5-1-5	5+6+5	16	25	45
13	6-1-6	6+7+6	19	36	66
15	7-1-7	7+8+7	22	49	91
17	8-1-8	8+9+8	25	64	120
19	9-1-9	9+10+9	28	81	153
21	10-1-10	10+11+10	31	100	190
23	11-1-11	11+12+11	34	121	231
25	12-1-12	12+13+12	37	144	276
27	13-1-13	13+14+13	40	169	325
29	14-1-14	14+15+14	43	196	378
31	15-1-15	15+16+15	46	225	435
33	16-1-16	16+17+16	49	256	496
35	17-1-17	17+18+17	52	289	561
37	18-1-18	18+19+18	55	324	630
39	19-1-19	19+20+19	58	361	703
41	20-1-20	20+21+20	61	400	780
43	21-1-21	21+22+21	64	441	861
45	22-1-22	22+23+22	67	484	948
47	23-1-23	23+24+23	70	529	1035
49	24-1-24	24+25+24	73	576	1128
51	25-1-25	25+26+25	76	625	1225
53	26-1-26	26+27+26	79	676	1326
55	27-1-27	27+28+27	82	729	1431
57	28-1-28	28+29+28	85	784	1540
59	29-1-29	29+30+29	88	841	1653

Fonte: NNANG EBANE Sosthene Tresor

- Propriedades 1: Números ímpares e terminais ímpares

Se o algarismo duplo no T(n) ascendente de um dado número for ímpar e os seus próprios terminais no T(n) descendente também forem ímpares, então a fórmula matemática correspondente é: (11 2)-VC(n), em que VC(n) representa o valor numérico das peças do quadrado vertical.

Exemplo 1:

T(n)=n+(n+1)+n é igual a T(3)=3+4+3=10

T(n)=n+1+n é igual a T (3)=3+1+3=7

Vc (n)=9

O número 9 indica o número de quadrados no azulejo vertical.

O número 3 tem um tripleto negativo com o seu próprio bem que aparece duplamente 111 (1 primeiro e 1 último), por adição 1+1=2.

Vt(n)=(2*n)+VC(n) aplicação numérica Vt(3)=(2*3)+9=6+9=15.

Ou, Vt(n)=n+(n*n)+n é igual a vt(3)=3+(3*3)+3=3+9+3=15

O número 15 refere-se ao número de quadrados nos triângulos cruzados.

O número 7 (3-1-3)=(6x7)+49=42+49=91

Exemplo 2:

O número 15 (7-1-7): (2x7)x15+225=(14x15)+225=210+225=435

O número 23 (11-1-11)=(2x11)x23+529=(22x23)=506+529=1035

O número 27 (13-1-13)=(26x27)+729=702+729=1431

O número 19 (9-1-9): (18x19)+361=342+361=703

- Propriedades 2: Números ímpares e terminais pares
- Tripleto ascendente ímpar e tripleto descendente par

Se o algarismo duplo no T(n) ascendente de um dado número for ímpar e os seus próprios terminais no T(n) descendente forem pares, então a fórmula matemática correspondente é: (nx4)+VC(n), em que VC(n) representa o valor numérico das peças do quadrado.

Exemplo 1:

T(n)=n+(n+1)+n é igual a T(4)=4+5+4=13

T(n)=n+1+n é igual a T (4)=4+1+4=9

Vc (n)= (n-1)x(n-1) é igual a Vc(n)=(9-1)x(9-1)=8x8=64

O número 9 tem um tripleto positivo com os bons a aparecerem duas vezes 414 (4 primeiros e 4 últimos), por adição 4+4=8.

Vt(n)=(4xn)+VC(n) aplicação numérica VT(9)=(8x9)+81=72+81 = 153.

Exemplo 2:

O número 5 (2-1-2): (2x2)=4 e (4x5)+25=20+25=45

O número 13 (6-1-6): (2x6)=12 e

(12x13)+156=156+169=325

- Tripleto de ascensão uniforme (limites) e tripleto de regressão uniforme (limites).

Se o algarismo duplo no T(n) ascendente de um dado número for par e os seus próprios limites no T(n) descendente forem pares, então a fórmula matemática correspondente é: (V(n)-1)x n)+VC(n), em que VC(n) representa o valor numérico das peças do quadrado.

Exemplo 1:

T(n)=n+(n+1)+n é igual a T(10)=10+11+10=31

T(n)=n+1+n é igual a T (10)=10+1+10=21

Vc (n)=100

O número 10 tem um tripleto positivo com os bons a aparecerem duas vezes 424(4 primeiros e 4 últimos), por adição 4+4=8

Vt(n)=(V(n)-1)xn+VC(n) aplicação numérica VT(10)=(10-1)x 10+100 = (9x10)+100=100+90=190

Exemplo 2:

O número 8: (8-1)x8+64=(7x8)+64=64+56=120

O número 14: (14-1)x14+196=(13x14)+196=182+196=378

O número 18: (18-1)x18+324=(17x18)+324=306+324=630

O número 22: (21x22)+484=462+484=948

10-) Conteúdo triangular e quadrado

Foi demonstrado ao longo da análise precedente que os triângulos do instrumento Mvet, bem como os da Menorá e da Hanukkiah, são de facto constituídos por um quadrado vertical suportado por dois triângulos isósceles opostos, cuja imagem pode remeter para o sol que se ergue entre duas colinas cujos cumes são nítidos. Esta imagem está, evidentemente, relacionada com o pensamento expresso pelo nome do objeto de estudo, pois o nome Mvet remete, de facto, para o facto de nos desprendermos da terra e alcançarmos os céus e, portanto, para a elevação. Esta noção revela também a nossa capacidade de perceber e interpretar as diferentes imagens nela inscritas, porque torna móvel um objeto que pensamos ser estático. A elevação não é apenas uma questão de perceber um objeto que deixou a terra para se refugiar nos céus, mas também, e sobretudo, de o manipular através de uma demonstração metódica destinada a decifrar os códigos que o compõem. Nesta análise, é necessário determinar o grau de estagnação de um triângulo, não a partir da tabela luminosa, mas a partir do tripleto numérico do qual ele retira a sua essência. Isto permitir-nos-á determinar o número de quadrados do quadrado e os triângulos que compõem a sua base. Consideremos o número 7, que é o terceiro tripleto.

Sabemos que

T(n)=n+1+n

T(3)=3+1+3

T(3)=7

que passa a ser

T(n)=n+(1+n)+n

T(3)=3+(1+3)+3

=3+4+3

T(3)=10.

A partir deste resultado, tomamos o número no centro, ou seja, 4, e subtraímos-lhe uma unidade (1), depois adicionamos o resultado ao quadrado, ou seja, nxn. Note-

140

se, no entanto, que a fórmula é adaptada em função da configuração do tripleto.
Nós colocamo-nos:

$^AT(n)=n-1+(n-1) 2+n-1$

$T(4)=(4-1)+(4—1)A2+(4—i)$

$^Л=3+(3) 2+3$

$=3+(3x3)+3$

$=3+9+3$

$T(4)=15.$

Uma imagem da pirâmide vista deste ângulo é de importância vital:

Fig: uma pirâmide estilhaçada

Fonte: NNANG EBANE Sosthene Tresor

A figura acima mostra efetivamente um quadrado destacado dos triângulos e que alcança os céus, como um foguetão que descola para conquistar o espaço. O quadrado tem, sem dúvida, o maior número de quadrados, 9 contra 3 de cada lado. Esta é a imagem enterrada no instrumento Mvet Ekang e nos candelabros judeus, que podem atestar claramente que estes povos pertenciam ao reino faraónico, incluindo o povo Punu.

O quadrado vertical sobre os triângulos tem 9 quadrados, enquanto os triângulos da esquerda e da direita têm 3 quadrados cada um. O número 15 refere-se ao grau de estagnação da Menorá ou candelabro de 7 braços. Apresenta-se também como um tripleto do número 5, ou seja, 5+5+5=3x5=15. A condensação numérica triangular completa é 2+4+5+5+4+2=27.

Quanto à hanukiá ou ao candelabro de nove braços, pousamo-lo:

$T(n)=n+1+n$

$T(4)=4+1+4$

$T(4)=9$

que posteriormente se torna

$T(n)=n+(1 +n)+n$

$T(4)=4+(1+4)+4$

$=4+5+4$

$T(4)=13.$

Nesse caso, aplica-se a seguinte fórmula:

T(2)=2(n-2)+(n-1)^2+2(n-1)

=2(5-2)+(5-1)^2+2(5-2)

=2(3)+(4)^2+2(3)

=6+16+6

T(2)=28.

O resultado obtido abaixo pode efetivamente tomar forma dentro do esboço da pirâmide acima:

Fig: uma pirâmide estilhaçada

Fonte: NNANG EBANE Sosthene Tresor

Decididamente, a margem é sempre e sempre de maior valor. A questão de um estudo coletivo das nossas memórias civilizacionais continua, pois, a ser uma prioridade absoluta, a fim de evitar a uniformização dos conhecimentos que nos têm sido excessivamente oferecidos ao longo dos anos. Cada povo tem um carácter autêntico que nunca deve ser esquecido.

O número 28 define a estagnação da vela de 9 pontas, ou seja, 7+7+7+7 = 4x7=28. O quadrado é composto por 16 quadrados, enquanto os triângulos têm 6 quadrados cada um.

O número 15

Nós colocamo-nos:

7+1+7=15 é igual a 7+8+7

então,

T(3)=3(n-1)+(n-1)^2+3(n-1)

=3(8-1)+(8-1)^2+3(8-1)

=3(7)+(7)^3+3(7)

T(3)=21+49+21.

T(3)=91

O número 17

8+1+8=17 é igual a 8+9+8

então,

  T(4)=4(8-2)+2(n-2)^2+4(n-2)

 =4(8-2)+2(8-2)^2+4(9-2)

 =4(6)+2(6)^2+4(6)

 T=24+(2×36)+24

 =24+72+24

 T(4)=120

Tendo em conta o que precede, vale a pena notar que a fórmula utilizada para o número 7 é duplamente percetível no número 15. Em termos simples, o tripleto 3+1+3=7 é contado duas vezes dentro do número 15, respetivamente, (7=3+1+3)+1+(3+1+3=7) é igual a 7+1+7=15, e este número constitui também o valor estagnado do número em questão. Da mesma forma, o tripleto do número 9, 4+1+4, também está presente no número 17, porque o primeiro é o grau de crescimento angular do segundo. Assim, 8+(4+1+4)+8 é igual a 8+9+8.

A configuração dos algarismos e dos números através do tripleto que unifica o quadrado com o triângulo revela sempre os números 22 e 26 de forma recorrente. Por exemplo, 7+15=22 e 9+17=26, ou 9+13=22. O número 22 define as letras do alfabeto hebraico, enquanto o número 26, também para os judeus, se refere ao nome Yahwhe (Deus). Tendo em conta o que precede, estes dois números podem obviamente ser considerados como autênticos códigos numéricos, revelando a presença do divino nos instrumentos religiosos Mvet Ekang ou Harpa-Citarra, Ngombi ou Harpa Sagrada, Menorah ou candelabro de 7 braços, Hanukkiah ou candelabro de 9 braços, todos eles relacionados com a pirâmide. Esta revelação matemática demonstra efetivamente que os chamados povos bantu e os judeus partilham de facto um destino comum, para não dizer uma história comum.

11-) Tripletos numéricos e seus limites

A evolução dos tripletos numéricos para os seus limites refere-se ao facto de ser possível adaptar uma fórmula matemática a cada algarismo ou número, consoante os seus limites simétricos sejam pares ou ímpares. Entende-se por limite simétrico os algarismos e números situados nas extremidades do algarismo 1, considerado como centro do eixo, que serve de imagem de um ou outro em relação ao centro. Estas fórmulas matemáticas permitem-nos determinar o número de quadrados contidos num triângulo equilátero completo, dividido em dois pequenos triângulos rectângulos isósceles e um quadrado, quando uma pirâmide é vista de frente e de dentro. Vejamos os exemplos seguintes:

O número 3

Nota tripla 1+1+1

  T=(n-1)+(n-1)^2+(n-1)

  =(2-1)+(2-1)^2+(2-1)

  =1+(1)^2+1

  =1+1+1

  T=3

O número **3 é o primeiro (1º)** tripleto numérico com terminais simétricos puramente negativos, pelo que inclui uma fórmula matemática adaptada que é naturalmente ímpar, denotada (n-1).

O número 5

Nota tripla 2+1+2

  T=(n-2)+(n-1)^2+(n-2)

  =(3-1)+(3-1)^2+(3-1)

  =2+(2)^2+2

  =2+4+2

  T=6

O número **5 é o segundo (2º)** tripleto numérico, mas contém terminais simétricos positivos, daí a fórmula matemática (n-2).

O número 7

Nota tripla 3+1+3

  T=(n-1)+(n-1)^2+(n-1)

  =(4-1)+(4-1)^2+(4-1)

  =3+(3)^2+3

  =3+9+3

  T=15

O número **7 constitui o terceiro (3º)** tripleto numérico e tem limites simétricos puramente negativos, ou seja, 3 contra 3, razão pela qual se adapta à fórmula matemática (n-1). Pode dizer-se que o primeiro tripleto numérico, 3, se revela no terceiro, ou seja, o número 7.

O número 9

Nota tripla 4+1+4

T= 2(n-2)+(n-1)^2+ 2(n-2)

=2(5-2)+(5-1)^2+(5-2)

 =2(3)+(4)^2+2(3)

 =6+16+6

 T=28

O número **9 é o quarto (4º)** tripleto numérico e o segundo (2º) a incluir terminais simétricos positivos. É assim que a fórmula do primeiro tripleto numérico, que inclui os primeiros terminais simétricos positivos, é completada pelo algarismo 2 como fator notado 2(n-2).

O número 11
Nota tripla 5+1+5

 T=2(n-1)+(n-1)^2+2(n-1)

 =2(6-1)+(6-1)^2+(6-1)

 =2(5)+(5)^2+2(5)

 =10+25+10

 T=45

O número **11 é o quinto (5º)** tripleto numérico, e contém limites simétricos negativos 5 contra 5. No entanto, o número 5 contém limites simétricos positivos, daí a fórmula matemática 2(n-1).

O número 13
Nota tripla 6+1+6

 T= 3(n-2)+(n-1)^2+ 3(n-2)

 =3(7-2)+(7-1)^2+3(7-2)

 =3(5)+(6)^2+3(5)

 =15+36+15

 T=66

O número **13 é o sexto (6)** tripleto numérico e tem limites simétricos possíveis. No entanto, os seus limites são o dobro dos do primeiro tripleto numérico, razão pela qual a fórmula matemática 3(n-2) é adaptada a ele. Não esquecer que o número 6 é metade do número 12.

O número 15

Nota tripla 7+1+7

$T=3(n-1)+(n-1)^2+3(n-1)$

$=3(8-1)+(8-1)^2+(8-1)$

$=3(7)+(7)^2+3(7)$

$=21+49+21$

$T=91$

O número **15 é o sétimo (7)** tripleto numérico e compreende o simétrico negativo 7 contra 7, razão pela qual a fórmula 3(n-1) é a mais adequada. É importante lembrar que o número 15, ou seja, 5+5+5 ou 3*5, é o valor numérico estagnado do tripleto numérico 3+1+3 dentro da vela de 7 pontas.

O número 17

Nota tripla 8+1+8

$T=4(n-2)+(n-1)^2+4(n-2)$

$= 4(9-2)+(9-1)^2+4(9-2)$

$=4(7)+(8)^2+4(7)$

$=28+64+28$

$T=120$

O número **17 é o oitavo (8º)** tripleto numérico e inclui os terminais simétricos possíveis. No entanto, o número 8 é o dobro do número 4, daí a fórmula matemática 4(n-2).

A passagem do número 17 para o tripleto 8-1-8 corresponde a uma passagem da pirâmide fechada vista do céu para a chamada pirâmide aberta, ou seja, a unificação do quadrado no centro dos quatro triângulos isolados. O tripleto sublinha a ideia de que dois elementos da mesma natureza só podem ser unidos por uma energia estranha ou neutra. O céu e a terra estão unidos pela luz do sol, da lua, das estrelas, etc. A noção de simetria central e otogonal traz de facto à tona a ideia de união, de unidade numa causa comum, em torno de um indivíduo que sabe liderar o resto do grupo. O número 1 no centro é um símbolo de unidade, de fio condutor, de união em torno de um ideal comum, como o ramo de uma palmeira, um riacho que corre para outro, a divisão de um ramo em dois braços, etc.

Os trigémeos 3 e 7 referem-se ao número 12.

Temos: 111+313=444 é igual a 4+4+4=3x4=12.

A geometria e a álgebra combinam-se nos castiçais judaicos, como dois ramos inseparáveis da matemática, em torno das diferentes configurações da pirâmide. Trata-se de uma perceção sintética do quadrado, do triângulo e do retângulo, através da conversão das diagonais em eixos de simetria e dos comprimentos dos triângulos e dos rectângulos.

VI-) O CALENDÁRIO

Fonte: www.amazon.fr/calendrier-multicomore-43c...

A

o nosso falecido

colega de turma

ENVOLE Jessy Lionel (Tle A1)

(Liceu público Moise NKOGHE MVE)

1-) O número 7 e os dias dos meses

É do conhecimento geral que o calendário atual tem 12 meses num ano, mas nem todos os meses têm o mesmo número de dias. Alguns meses têm 28 ou 29 dias, outros 30, e outros ainda 31. Pelo exposto, podemos constatar que os meses do ano têm uma distribuição quádrupla (4) se considerarmos as duas variações de fevereiro, e uma distribuição tripla (3) se considerarmos um dos valores deste mesmo mês ao longo do ano. Apresenta-se assim de forma dupla: 3+4=7. O número é, portanto, o resultado da soma de um número ímpar e de um número par, que diferem apenas por uma pequena unidade. Contamos 28, 29, 30 e 31, depois 28, 30, 31 ou 29, 30, 31. Tudo parece indicar que o número 4, simbolizado pelos números 28, 29, 30 e 31, é eclipsado para dar lugar ao número 3, cujos correspondentes numéricos são 28, 30 e 31 ou 29, 30 e 31.

O número 4 tem apenas uma (1) designação possível, enquanto o número 3 tem duas (2), ou seja, com as variações do mês de fevereiro. Seria, portanto, possível calcular o número total em função da frequência do seu aparecimento, ou seja, (2 3) + 4 6+4 10. Foi demonstrado longamente acima que o número 7 compreende dois tripletos aritméticos, 3+1+3=7 e 3+4+3=10 respetivamente. É o segundo tripleto, chamado tripleto ascendente, que explica de facto o resultado obtido. O número 3, duplamente percetível no calendário, está também duplamente localizado em torno do número 4, se considerarmos o segundo tripleto. Em contrapartida, o número do centro permanece imóvel. Para ilustrar o que precede em números, digamos: (28+30+31)+(28+29+30+31)+(29+30+31)=89+118+90. A evolução dos números no conjunto define um objeto, capaz de partir de um nível inferior para atingir o topo, para depois cair. Seria, portanto, sensato determo-nos nos textos relativos à origem do calendário:

"A construção dos calendários é complexa e varia consoante as culturas. Alguns optaram por seguir a lua, outros o sol ou, por vezes, ambos. 'A construção de calendários apela à matemática, a aspetos culturais, e demonstra ingëniositë e ajustamento."

A noção de triplicidade pode remeter não só para a ideia de uma visão tripartida de um objeto, mas também para a sua capacidade de sofrer múltiplas mutações ao longo de um determinado período. A lua, tal como o sol, está em perpétuo movimento, e conhece períodos de luminosidade muito intensa e menos intensa. Daí os números 89 e 90, que mostram claramente esse facto de um ponto de vista puramente aritmético. No que diz respeito ao Sol, a sua posição no zénite tende a defini-lo como mais brilhante do que o seu nascer e o seu pôr do sol. Assim, o número 3 designaria o nascer do sol, o 4 o zénite e o segundo 3 o pôr do sol, tudo numa forma triangular. A menção da matemática nesta passagem que explica o calendário sugere que os elementos do universo foram transpostos para o domínio do pensamento humano, com o objetivo de os compreender e manipular para melhor organizar a nossa vida social. As fases da lua são muitas, mas é justo oferecer uma visão prática de uma delas:

150

De acordo com esta passagem, a posição da lua no centro da terra e do sol corresponde, sem sombra de dúvida, ao nosso tripleto numérico tomado como ilustração. O sol e a terra simbolizam os números 3 à direita e à esquerda, enquanto a lua representa o número 4 no centro. A passagem do tripleto de regressão 3+1+3=7 para o tripleto de ascensão 3+(1+3)+3=3+4+3=10 sugere que o elemento central é de alguma forma influenciado pelos elementos que o rodeiam. Diz-se que a lua não produz calor por si própria, mas que é o reflexo do sol que fornece a luz que vemos através dela.

Voltemos aos algarismos consecutivos 3 e 4, que formam o número 7. É preciso lembrar que, no contexto do calendário, o primeiro pode ser visto duas (2) vezes, enquanto o segundo oferece apenas uma (1) possibilidade. O tripleto não só já não se reflecte nos componentes aritméticos do número 7, mas também na frequência com que aparecem. Neste caso, o número 3 aparecerá exatamente 3 vezes, enquanto o número 4 aparecerá apenas uma (1) vez, pelo que passamos de (3+3)+4=6+4=10 para (3+3+3)+4=4+9=11. Este novo número refere-se não só ao número de diagonais de um quadrado de 7 cm, mas também ao número de intervalos do número 12. Embora o número 12 denote o grau de estagnação do número 8, está também associado ao número 7. A perceção deste número mítico como eixo central do calendário será o tema do próximo ponto.

2-) O eixo central do calendário (24X)

Todos sabemos que o calendário atual é composto por 7 meses, cada um com 31 dias. Este facto está de acordo com a expressão de estagnação de que falámos anteriormente. Os outros 4 meses de 30 dias enquadram-se no que foi dito anteriormente. Se há estagnação, isso significa que há também a possibilidade de ascensão e de regressão. Só o mês de fevereiro conta 28 ou 29 dias, passando do valor menor para o maior por uma pequena unidade. O tripleto numérico do número 7 ascendente revelou que o número 4 constitui o seu centro aritmético de simetria, e depois, por extensão, que o número 28 se relaciona com o valor triangular estagnado do número 9. No entanto, podemos constatar que os números 7 e 4 seguem sempre um ao outro, com base na classificação consecutiva dos meses com maior número de dias.

Precisamos agora de desenhar um eixo horizontal ao qual associamos primeiro os meses de 31 dias. De seguida, vamos localizar todos os meses com menos de 31 dias nos centros inferiores de cada um dos seus intervalos. Por outras palavras, o mês de fevereiro e os 4 meses com 30 dias. O objetivo é conciliar o número 7 com o número 12.

Cada ponto representa um mês de 31 dias:

1*   2*   3*   4*   5*   6*   7*

De seguida, vamos localizar os meses abaixo de 31 em cada um dos seus centros inferiores

1*   2*   3*   4*   5*   6*   7*

1•   2•   3•   4•   5•

Tendo em conta o que precede, os 12 meses do ano são efetivamente construídos em torno do eixo 7 do calendário. Existem 7 meses centrais e 5 meses inferiores. O ano lê-se do número central 1 para o número inferior 1, depois do número central 2 para o número inferior 3, e assim sucessivamente até ao fim. Os números 4 e 5 não têm centro inferior, porque simbolizam os meses de julho e agosto, respetivamente, cada um dos quais tem 31 dias, daí a "estagnação". Deste ponto de vista, o décimo segundo (12) mês funde-se com o número 7. Não seria errado apresentar esta perceção de uma forma mais evidente:

A estrutura do tempo digital

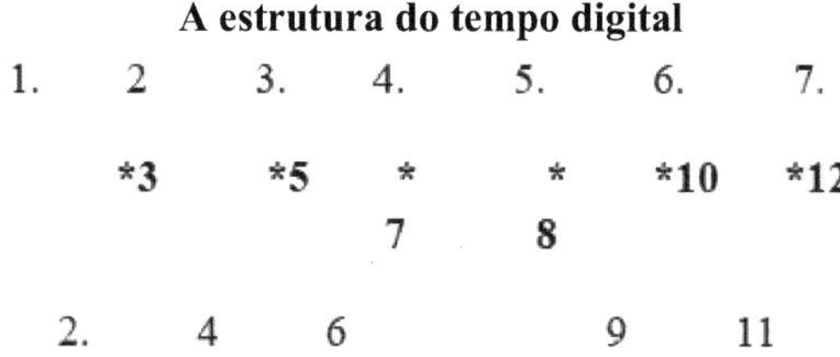

Fonte: NNANG EBANE Sosthene Tresor

As figuras a preto referem-se aos sete meses do ano, cada um com 31 dias, as a azul designam os meses com menos de 31 dias, e as vermelhas referem-se aos diferentes valores ondulatórios, apoiados nas figuras e números a azul. As variações ondulatórias são menores do que os diferentes números no eixo central. A curva correspondente a esta estrutura de algarismos e números aritméticos é a seguinte:

A curva de tempo

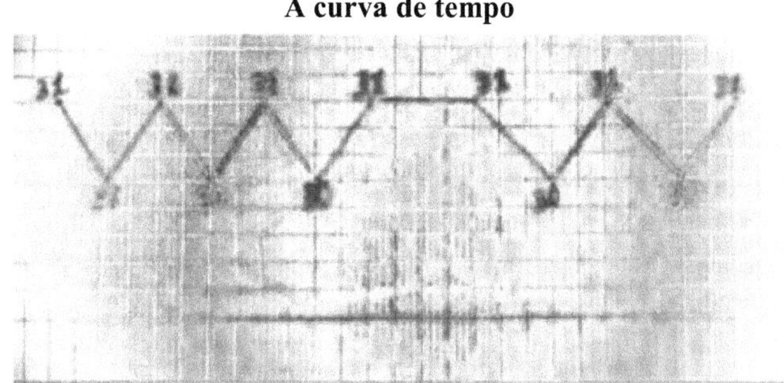

Fonte: NNANG EBANE Sosthene Tresor

A curva apresenta movimentos ondulantes de janeiro a julho e depois de agosto a dezembro. A estagnação só ocorre entre julho e agosto. Tudo indica que não há evolução que não passe por um período de estagnação ou, muito simplesmente, de repouso. A questão de saber se existe um meio-termo na escolha da vida fica assim perfeitamente respondida.

Podemos ver que o número 7 está associado ao número 12, o que prova que este último simboliza o eixo universal. Vemos também que o número 7 a vermelho, que simboliza o mês de julho, está ligado ao número 4 no centro, tal como o número 8 a vermelho está associado ao número 5, e o número 4 está também ligado ao número 9. O número 4 representa o centro de simetria aritmética do tripleto ascendente do número 7 e, ao mesmo tempo, o limite simétrico do número 9. O número 5, por outro lado, representa o valor estagnado triangular do número 8 e o centro de simetria do número 9. Descobrimos que os dados dos quadrados e das matrizes luminosas dos números 7, 8 e 9 estão incluídos no calendário.

Foi mostrado acima que o tripleto 789 está relacionado com o número 24, ou seja, 7+8+9=24. Vejamos agora como este número aparece na diagonal do centro do eixo aritmético:

O núcleo diagonal (X) do eixo

4   5

*   *

7   8

Fonte: NNANG EBANE Sosthene Tresor

Podemos ver que (5+7)+(7+5)=12+12=24 e (4+8)+(8+4)=12+12=24. O centro do eixo do calendário 7 mostra o número 24 que aparece 4 vezes. Se tivermos em conta que o quadrado tem 8 cm de comprimento, verificamos que as suas diagonais estagnam exatamente 4 vezes em 12, pelo que o número 8 é o centro diagonal do eixo 7.

Vemos também que (4+7)+(5+8)=11+13=24 e (7+4)+(8+5)=11+13=24, e (4+5)+(7+8)=9+15=24 e (5+4)+ (8+7)=9+15=24. Assim, os comprimentos dos algarismos (‖) e (=), tal como os digonais (x), estão todos relacionados com o número 24. Assim, os números 4, 5, 7 e 8 simbolizam o quadrado. O eixo do calendário (7) tem um quadrado no seu centro.

3-) O eixo central do calendário (25X)

A primeira estrutura temporal aritmética tem dois aspectos fundamentais: a ondulação e a estagnação. Esta última está efetivamente presa entre duas variações ondulatórias, a primeira que vai de janeiro a julho, e a segunda que começa em agosto e termina em dezembro. Isto dá origem a uma disposição tripartida do calendário, correspondendo a estagnação ao número 24.

No entanto, precisamos de varrer a estagnação central, de modo a termos variações de onda ao longo de todo o eixo, para descobrir se é possível obter outro valor de estagnação? O diagrama numérico seguinte ilustra-o perfeitamente:

153

A estrutura de tempo digital 2

1.	2	3.	4.	5.	6.	7.
	*3	*5	*	*	*11	*13
			7	9		
2.	4	6	8	10	12	

Fonte: NNANG EBANE Sosthene Tresor

Esta estrutura oferece uma visão ondulatória permanente. O número 8 já não está completamente adjacente ao número 4, pois tornou-se o centro inferior dos números 4 e 5, acompanhado pela ascensão do número 9 ao lado do número 5. Nesta configuração, a ascensão dos números 7 e 9 atinge o ponto de saturação. De facto, o número 4 simboliza o centro numérico simétrico do número 7, tal como o número 5 o faz para o número 9. É assim que as diagonais X assumem uma outra configuração especial:

O núcleo diagonal (X) do eixo

4   5
*   *
7   9

Fonte: NNANG EBANE Sosthene Tresor

Vemos que (5+7)+(7+5)=12+12=24 e (4+9)+(9+4)=13+13=26, e 24 é diferente de 26, pelo que uma das diagonais do quadrado é mais comprida do que a outra. Por conseguinte, o quadrado cresce mais duas unidades do que o seu homólogo. O par de números (4;9) refere-se à diagonal mais longa, enquanto o par de números (5;7) refere-se à mais curta. Isto sugere um aumento diagonal do quadrado, ou seja, uma visão mais ampla do quadrilátero. É verdade que o quadrado se torna mais largo devido aos ângulos rectos, mas o centro simétrico das diagonais não perde o seu ângulo reto.

A primeira configuração do eixo mostra uma estagnação, enquanto a segunda mostra uma ondulação contínua. Assim, os números 24 e 25 aparecem consecutivamente nos dois eixos temporais. Enquanto o primeiro número indica diagonais de igual comprimento, o segundo distingue-se pelo facto de uma diagonal ser mais comprida do que a outra. As duas configurações em conjunto definem um elemento capaz de conhecer tanto a subida, os pares (5;7) e (4;9), como a regressão, os pares (4;8) e (5;7). Na prática, apenas o mês de fevereiro apresenta esta dupla variação.

Desta observação resulta uma ideia primordial, que diz respeito à presença de uma matéria vivificante no interior de outra matéria a ser vivificada. É forçoso admitir que, no interior de cada corpo móvel ou imóvel, vive um ser que lhe dá vida, quer seja ou não percetível a olho nu. O limite da ciência é claramente estabelecido pela rejeição sistemática da ordem espiritual. A perceção experimental da ciência é uma visão reduzida da ciência, que equivale a dizer que o mundo das inteligências é

154

governado por divindades, que impõem à humanidade a conduta da ciência. De acordo com o entendimento africano, a ciência impõe um reconhecimento incondicional do uso do conhecimento como um empréstimo. A iniciação leva a humanidade a saber silenciar os seus desejos carnais, para agir de acordo com a visão rigorosa da ciência. O primeiro eixo pode ser utilizado para definir um ser humano que sabe conter-se, enquanto o segundo se refere à natureza animal que, por vezes, o leva a comportar-se de forma indigna. O estado de natureza exclui qualquer conhecimento humano do objeto, que é na realidade o objeto da ciência. Pretender estudar o homem, excluindo o seu criador, é uma ilusão pura e simples. Este último é apenas a manifestação do espírito. As diagonais são a parte vivificante do quadrado, enquanto os lados são apenas afectados por elas, daí o termo diagonometria.

O calendário não serve apenas para saber a data do dia, os meses do ano, mas também para ligar a humanidade ao seu universo: aos fenómenos planetários. O calendário como objeto temporal desaparece, para revelar uma visão global do funcionamento do sistema solar. As diferentes fases da lua, a viagem tripartida do sol, o alinhamento do sol em relação à lua e à terra, a vida dos planetas, e muito mais. O calendário torna-se então um portal de fuga ou o próprio crescimento da divindade humana. A observação ultrapassa mesmo os limites do objeto, através da sua compreensão imaterial.

4-) O coração diagonal e a Harpa Sagrada

Como introdução à observação relativa à essência matemática das artes tradicionais africanas, foi demonstrado que a Harpa Sagrada tem uma disposição triangular de cordofones: 8 perfurações superiores, 8 cordofones e 8 perfurações inferiores. Se analisarmos o calendário de um ponto de vista puramente aritmético, verificamos que o eixo 7 está diagonalmente estagnado em torno do número 24. Este número está assim enterrado numa forma idêntica de tripleto: T(n)=n+n+n=nx3 igual a T (8)=8+8+8=3x8=24. Consideremos o primeiro par de quadrados (4;5;7;8), para o demonstrar claramente:

O núcleo diagonal (X) do eixo

4   5

*   *

7   8

Fonte: NNANG EBANE Sosthene Tresor

Considerando o par triangular (4; 5; 7), vemos que sua soma é o dobro do número 8, ou seja, 4+5+7=16, ou 2^8=16, daí o tripleto 8+8+8=3x8=24. Lembrando que o quadrado tem 8 perfurações ou 8cm de lados, ele tem uma estagnação triangular de 12, ou seja, 12x4=48. Assim, as diagonais do quadrado, cujos lados têm 8 cm de comprimento, formam o coração simétrico do eixo 7 do calendário. Na realidade, o número 7 é a diagonal principal deste quadrilátero. Podemos ver que este tripleto é retirado de um quadrado e não de um triângulo, o que significa que a figura trilateral é uma componente clara do quadrado. Daí os termos "diagonometria" e "concavidade triangular".

Consideremos agora o segundo núcleo diagonal do eixo 7 abaixo:

O núcleo diagonal (X) do eixo

$$4 \quad\quad 5$$
$$* \quad\quad *$$
$$7 \quad\quad 9$$

Fonte: NNANG EBANE Sosthene Tresor

O tripleto triangular mantém-se, mas há um aumento de uma unidade diagonal de 8 para 9. Se o tripleto 457 corresponde ao dobro do número 8 (2x8=16), o número 9 é um aumento de uma unidade desse número 9=8+1, pelo que temos 8+8+8+1. T (n)=n+n+n+1 é igual a T (8)=8+8+8+1=(3x8)+1=24+1=25. Permanecemos aqui na mobilidade de fevereiro impulsionada pelo núcleo diagonal do eixo 7. De passagem, convém salientar que existem também 8 vícios, para além do tripleto 888, para designar o coração diagonométrico do eixo. Este deve ser ilustrado como segue:

O núcleo diagonal (24X) do eixo

$$8 \quad\quad 8$$
$$* \quad\quad *$$
$$8 \quad\quad 8$$

Fonte: NNANG EBANE Sosthene Tresor

Na Harpa Sagrada o quadrado é dividido em dois (2) por uma das diagonais principais, pelo que temos 888, correspondendo exatamente às 8 perfurações superiores, aos 8 cordofones e às 8 perfurações inferiores, ou seja, 3x8=24. Os 8 restantes referem-se aos defeitos do colo da Harpa Sagrada. Tendo em conta o que precede, não há a menor dúvida de que o Ngombi ancestral faz parte do próprio tecido do tempo. É um puro trabalho de diagonometria.

A relação entre o número 9 e o número 8 é estabelecida no sentido em que este último é um valor numérico interno ao primeiro. Mas como é que esta relação pode ser evidenciada através das figuras geométricas do quadrado e do triângulo? A ideia principal que emerge é que um não pode ser expresso sem o outro. Assim, o "triângulo diagonal" ou "triângulo côncavo", cujos lados têm 8 cm de comprimento, só pode ser derivado do quadrado que tem 9 cm de comprimento. Trata-se, portanto, de uma tomada diagonal e paralela do triângulo no interior do quadrado. O número 8 simboliza não só a diagonal principal e o eixo de simetria, mas também a base do triângulo. O oitavo cordofone da Harpa Sagrada, tradicionalmente conhecido como Ngoma/Ngombi, forma a base do triângulo. O vértice não é visível no Ngombi, pois é uma perceção diagonal e paralela da figura trilateral. O número 9 simboliza o quadrado, enquanto o número 8 representa o triângulo. Do que precede resulta uma regra simples: o triângulo diagonal e paralelo é o resultado da subtração do comprimento do lado do quadrado a uma unidade. Em termos simples, só podemos traçar 8 segmentos de reta diagonais e fractais paralelos dentro de um quadrado cujos lados têm 9 cm de comprimento.

Os cordofones da Harpa Sagrada constituem a sua parte flexível, enquanto o braço e o resto do instrumento não o são. Além disso, a sua disposição fractal, paralela e diagonal faz deles uma figura trilateral. Os 8 cordofones simbolizam, de facto, as diagonais do quadrado numa forma triangular e fractal. Do mesmo modo, as figuras dispostas em quadrados e diagonais no eixo 7 do calendário oferecem uma perceção tripla do número 8 que constitui o seu número. Por outras palavras, as mudanças de calendário que se podem observar ao longo do mês de fevereiro são celebradas pelo som da Harpa Sagrada, através da mobilidade dos cordofones e, portanto, das diagonais.

A flexibilidade e a figura trilateral combinam-se para exprimir a mobilidade, a ascensão e a regressão. Os cordofones de forma triangular oferecem uma perceção animada da forma triangular (geometria animada). Quando o instrumento é tocado, o triângulo afasta-se do quadrado em direção ao céu. A música, o ritmo, o eco, sendo obra do abstrato, que lança um apelo solene à alma humana para que se desprenda do corpo a fim de se manifestar livremente, exprime uma ligação do invisível ao invisível. É um apelo ao estado de natureza do objeto (matéria) através da sua própria destruição, que não é percetível a olho nu. O quadrado que é a matéria só pode conter o triângulo que é o espírito durante um determinado período de tempo, antes de experimentar a fuga. Quando o instrumento é deixado em repouso, o triângulo cai e volta a fundir-se no quadrado, e a alma regressa ao seu invólucro corporal.

O mês de fevereiro, composto por 28 dias, está relacionado com o ano do auto-fechamento, da auto-crítica. A imagem correspondente mais explícita relacionar-se-ia com a agricultura, através da plantação de sementes. Por outro lado, o dia 29 designaria a abertura a outras aspirações, o que corresponderia ao período das colheitas. O simbolismo do triângulo com o quadrado, através da ascensão do primeiro sobre o segundo, explica-se pelo facto de nos termos apercebido de que o ser humano é uma obra do espírito, e que está em constante evolução. Na realidade, esta evolução é sinónimo de prossecução de um caminho, um caminho que foi traçado muito antes dele. O invisível ou abstrato é-lhe simultaneamente anterior e futuro, enquanto a matéria lhe é central. Assim, a tripla espírito-matéria-espírito resume a vida humana, não só antes do nascimento, durante a vida na terra, mas também depois. O número 3 evoca assim a ideia de uma vida tripla.

A introdução da música está relacionada com o facto de cada criatura universal poder ser identificada por um som particular. O canto do galo é ouvido por todos, mas a viagem tripartida do sol pelo céu não é audível por todos, razão pela qual é necessária uma certa ciência. A humanidade, sendo a obra do espiritual, deve ligar-se a outras entidades da mesma ordem, para compreender a vida. O respeito pelo ambiente, em rigor, ajudá-la-á a descobrir que existem outras nações na Terra, outras formas de vida, com as quais deve colaborar. É, portanto, uma voz que muitas vezes leva a alma a sair do corpo, acompanhada de uma visão de coisas imateriais para o homem carnal. O canto inebriante de um Cireneu nos desenhos animados é uma ilustração perfeita. A audição e a visão são dois sentidos que se fundem para penetrar no universo espiritual.

5-) Variações das ondas e o Mvet Ekang

O instrumento Mvet Ekang, tal como o Ngoma, é um instrumento de cordas dedilhadas, segundo uma visão inocente destas memórias civilizacionais. Para uma visão mais enigmática, é preciso reconsiderar o eixo temporal 7 do calendário e acrescentar-lhe uma organização algébrica completamente diferente. No entanto, não seria chocante defini-los como expressões permanentes da vida, através do eco ou da vibração, encarnando o trabalho da criação. Qualquer objeto que queiramos criar ou materializar passa necessariamente por uma manipulação vibratória, nas mãos do criador, o que faz destes monumentos religiosos realidades intemporais. Segundo a Mvet Ekang, o tempo refere-se ao conjunto de acontecimentos quotidianos dos quais o homem não é o autor, mas um mero espetador ou admirador. O tempo afasta o homem da ação criadora, uma vez que ele próprio é o sujeito da criação. O tempo contém a ideia do fugidio, da incapacidade de conceber, mas antes de sofrer. O tempo é um destino tomado a contragosto, porque inconsciente no momento em que o tempo escolheu seguir o seu curso, mas despertado mais tarde num mundo que temos dificuldade em compreender por falta de tempo. O tempo é como areia movediça, atraindo simplesmente tudo o que cai nele. O tempo é um vórtice para todos os seres vivos que nele habitam. Presentes mas impotentes, é a isso que o tempo nos reduz.

Para não perdermos o fio das nossas ideias, sugerimos que regressemos ao nosso objeto de estudo, que consiste em estabelecer a relação entre os valores ondulatórios observáveis no calendário e a morfologia do instrumento tradicional Mvet Oyeng. Consideremos o nosso eixo temporal abaixo:

A estrutura do tempo digital

1.	2	3.	4.	5.	6.	7.
	*3	*5	*7	*8	*10	*12
2.		4	6		9	11

Fonte: NNANG EBANE Sosthene Tresor

A linha de algarismos a azul será completada por cima dos 7 algarismos do eixo, de modo a obter tanto as ondulações superiores como as inferiores. É importante lembrar que apenas as ondulações inferiores são representadas numericamente abaixo do período de estagnação. Obtém-se assim a nova configuração do eixo 7 abaixo:

O ciclo das ondas

	2.	4	6		9	11

```
      2.    4     6            9     11
        *3    *5    *7    *8      *10   *12
  1.    2    3.    4.    5.    6.    7.
        *3    *5    *7    *8      *10   *12
      2.    4     6            9     11
```


O resultado é simplesmente excecional: os triplos verticais, os algarismos e os números a azul parecem estar relacionados com triângulos superiores e inferiores ligados a um quadrilátero no centro. Como exemplo prático, o tripleto 323 e o tripleto 535, e o número duplo 4 em cima e em baixo, definem a união de dois triângulos com um quadrilátero. Podemos mesmo juntar os números 1 e 4 no plano horizontal, para obter a imagem exacta de um quadrado associado a quatro triângulos. Esta é uma representação prática da nossa pirâmide aberta ou dividida.

A pausa entre julho e agosto é palpável, pois remete para o período de estagnação.

É importante, no entanto, apresentar a segunda configuração do eixo do tempo, para uma melhor compreensão do instrumento Mvet Ekang, de acordo com o calendário. É necessário acrescentar um valor de onda dentro do próprio período de estagnação. O seguinte exemplo ilustra bem este facto:

O ciclo das ondas

```
        2     4     6     8    10      12
  1    *3    *5    *7    *9    *11   *13
     1.    2    3.    4.    5.    6.      7.
  1    *3    *5    *7    *9    *11   *13
        2     4     6     8    10      12
```


Se observarmos atentamente o ciclo de ondas acima, o número 1 é acompanhado por dois outros números a azul nos níveis superior e inferior, porque o tripé refere-se à adição de três (3) elementos. Excluindo o período de estagnação, o número 9 toma o lugar do número 8, que desce para o centro inferior e sobe para o centro superior do intervalo. No total, há seis (6) quadriláteros em posturas verticais, em vez de cinco (5) como no primeiro exemplo.

É preciso ter em conta que apenas os números a vermelho e os números a azul têm vistas triangulares superiores e inferiores. No entanto, no que diz respeito ao instrumento Mvet Ekang, apenas os triângulos que apontam para o céu devem ser tidos em conta. De facto, o termo "Mvet", na língua fang, está felizmente relacionado com a ideia de ascensão, grandeza, cume, senhorio, etc. A memória civilizacional é constituída por um cavalete perfurado na vertical, cordofones triangulares, ramos horizontais e, logo abaixo, meias cabaças. Atualmente, esta memória está a ser reorganizada de acordo com o calendário:

As diagonais do cmur do eixo 7 estão organizadas em torno do número 24, através do tripleto 888, que se torna 8888 para significar que o triângulo, embora se eleve acima do quadrado, é também um dos seus coposantes, e faz também parte do Mvet Ekang. A ponte no centro do ramo horizontal tem 8 perfurações e divide a sua base em duas (2) partes iguais de 8 perfurações cada. Os 8 cordofones são fixados de cada lado do ramo horizontal, atravessando a ponte no centro. A Ekang Mvet, composta por oito (8) cordofones, remete para o número 24, que é o número diagométrico do eixo 7 do calendário.

O ramo horizontal, perfurado em duas partes iguais, simboliza o eixo temporal do calendário, ou seja, os 7 meses de 31 dias. Refere-se à estagnação e à rigidez.

O cavalete perfurado em posição vertical designa a altura do triângulo e o centro de simetria numérica em relação à noção de tripleto.

Os cordofones são considerados triângulos do ciclo ondulatório que tendem apenas para os meus céus.

As meias cabaças sob o ramo horizontal podem obviamente definir os movimentos ondulatórios inferiores, bem como o período de estagnação. Variam, em princípio, segundo duas ordens: a cabaça central é a mais volumosa, enquanto as outras duas de cada lado são do mesmo tamanho (1). As três (3) meias-calabas são idênticas; é como se não existissem de todo, ou como se o instrumento não tivesse qualquer taça (2). Assim, as meias-calabas grandes designariam os meses de 31 dias, as médias os de 30 dias e as muito pequenas os meses de 28 e 29 dias. É de salientar, com razão, que apenas os cordofones e as meias cabaças transmitem a ideia de ascensão e de regressão, enquanto o ramo horizontal permanece imóvel.

Numa certa dimensão teológica, isto remete para a ideia de que a vida reina e governa tudo o que é matéria. A matéria está, portanto, na realidade, envolvida na vida por todos os lados. A imagem de uma ilha pode ser utilizada de forma esquemática, uma vez que a subida das águas a torna claramente inexistente. No domínio da metalurgia, compreendemos que o sólido nasce imperativamente do líquido. Assim, o líquido continua a ser a anterioridade do sólido e o seu futuro, porque, ao fundir-se, volta a ser líquido. O tripleto líquido-sólido-líquido está relacionado com a ideia de que tudo o que está de pé acabará por se deitar, tal como tudo o que se deita acabará por se levantar. Os povos que possuem este conhecimento sempre viveram em lugares onde a água abunda incessantemente: o Nilo no Egipto faraónico. O Ampha e o Omega são apenas duas expressões que se referem a uma única coisa, a eternidade, na ausência de qualquer elemento material. O mundo dos imortais evocado nas inúmeras histórias da Mvet (elevação do espírito) é simplesmente o coração da vida tipicamente espiritual. As mutações que se observam em torno do mês de fevereiro, de 28 para 29 dias, e dos dias do ano, de 365 para 366 dias, exprimem a ideia de ressurreição permanente. A tríade do sol no céu reflecte eficazmente este pensamento teológico. A pirâmide é o símbolo da vida eterna.

É importante notar que a disposição diagonal, triangular e fractal dos cordofones mostra uma evolução ascendente e descendente, tal como os quadriláteros do ciclo das ondas. Quando o instrumento é tocado por um mestre contador de histórias "mbom mvet", ele toca certos cordofones antes de outros, o que está relacionado com o ciclo anual dos meses do ano. Por outras palavras, o universo, ou pelo menos os elementos que o compõem, vivem ao ritmo da manipulação de um ser divino, que é o seu autor. A dança não é mais nem menos do que a expressão de uma homenagem vibrante a este Ser Supremo. Não se diz que foi Eyo'o que transmitiu o Mvet ao guerreiro Ekang Oyono Ada Ngoine?

6-) O ciclo ondulatório e as velas judaicas

O candelabro judaico composto por 7 ramos chama-se Menorá, cujo significado etimológico remete para a sua origem no interior de uma chama. Na realidade, remete para a ideia de luminosidade, brilho, resplendor, etc., em suma, para algo que suscita a administração. Há também o candelabro de 9 braços chamado Hanukkiah, que também carrega uma chama. Estes dois números não nos são estranhos, pois os seus respectivos tripletos numéricos são: 3+1+3=7 e 3+4+3=10, e 4+1+4=9 e 4+5+4=13. O ramo principal da primeira é o 4º, enquanto o da segunda é o 5º. O conjunto luminoso da Menorá estagna em 3x5=15 e a sua condensação numérica é 27, enquanto a Hanukkiah estagna em 4x7=28 e conhece o número 52 como a soma da condensação aritmética.

Naturalmente, temos de os retirar do calendário através do ciclo ondulatório, mas para isso temos primeiro de converter este último numa visão puramente geométrica. Vejamos o primeiro ciclo de ondas abaixo:

O ciclo das ondas

2.	4	6		9	11
*3	*5	*7	*8	*10	*12
1.	2	3.	4.	5.	6.	7.
*3	*5	*7	*8	*10	*12
2.	4	6		9	11

Fonte: NNANG EBANE Sosthene Tresor

Devemos ter sempre presente que existe um período de estagnação entre os meses de julho e agosto, que corresponde caricaturalmente a um segmento de reta horizontal. Segundo um autor de Maimónides, a letra "Y" está inscrita no coração da Menorá ou candelabro de sete braços, mas é preciso demonstrá-lo de forma prática. Para o conseguir, propõe-se uma imagem geométrica:

O ciclo das ondas

Se observarmos com atenção o ciclo ondulatório, verificamos que os quadrados verticais ocupam a mesma posição que nas pinturas luminosas. Também, que o período de estagnação unifica três (3) quadrados do lado esquerdo contra dois (2) do lado direito. Se considerarmos o segmento horizontal da direita e dividirmos o quadrado em duas partes iguais, obteremos a forma da letra Y. Isto remete para o nome Yawhe, que significa Deus. Do que precede, compreendemos que Deus é o coração do universo.

Para determinar o número de velas neste eixo, é necessário contar o número de lados de cada quadrado, de um lado e do outro do período de estagnação, que é, de facto, o ramo principal. No lado esquerdo, existem 3 quadrados compostos por 12 lados, ou seja, 3x4=12. Se adicionarmos o ramo principal, obtemos: (3x4)+1=12+1=13. Do outro lado, há 2 quadrados com 8 lados, ou seja, 2x4=8. Se adicionarmos o ramo principal, obtemos (2x4)+1=8+1=9. Contra todas as expectativas, descobrimos que o ciclo ondulatório é composto por duas velas principais: a vela de 13 braços e a vela de 9 braços. O primeiro vai de janeiro a julho, enquanto o segundo vai de agosto a dezembro.

Na realidade, a Menorá ou candelabro de 7 ramos é parte integrante do candelabro de 13 ramos, pois constitui o seu ramo principal. Deve dizer-se que dele se extraem seis (6) ramos, pelo que o quadrado de 7 cm revela o número 6 como valor numérico no seu interior. A soma dos castiçais do eixo ondulatório, 13 ramos e 9 ramos, perfaz 22, o número de letras do alfabeto hebraico. De passagem, convém assinalar que o número 27, resultante da condensação numérica do número 7, oferece uma visão alargada deste alfabeto, acrescentando-lhe os 5 sofistas. À luz do que precede, podemos constatar que o segundo ciclo ondulatório unifica numericamente cada número de ramos com os principais:

O ciclo das ondas

2	4	6	8	10	12	
*3	*5	*7	*9	*11	*13	
1.	**2**	**3.**	**4.**	**5.**	**6.**	**7.**
*3	*5	*7	*9	*11	*13	
2	4	6	8	10	12	

A introdução dos castiçais permite compreender perfeitamente a noção de tripleto numérico, em função do número de ramos que possuem. Consideremos apenas os números a preto e os números a vermelho. Se um castiçal tem 3 ramos, então o 2° é o seu ramo principal. Em suma, os algarismos e números a preto simbolizam os ramos principais, enquanto os a vermelho designam os que desempenham um papel de equilíbrio.

O número 12, azul na parte superior e inferior, é um indicador essencial para determinar o número completo de ramos na nova vela obtida. De facto, vemos que o número 13 se encontra no centro dos ramos, e vemos que T (n)=n+1+n é igual a T (12)=12+1+12=25 e T(n)=n+(n+1)+n é igual a T (12)=12+(12+1)+12=12+13+12=37. Assim, tem agora 25 ramos e o número 13 simboliza o seu ramo principal.

A forma geométrica correspondente aos valores das ondas é a seguinte

O ciclo das ondas

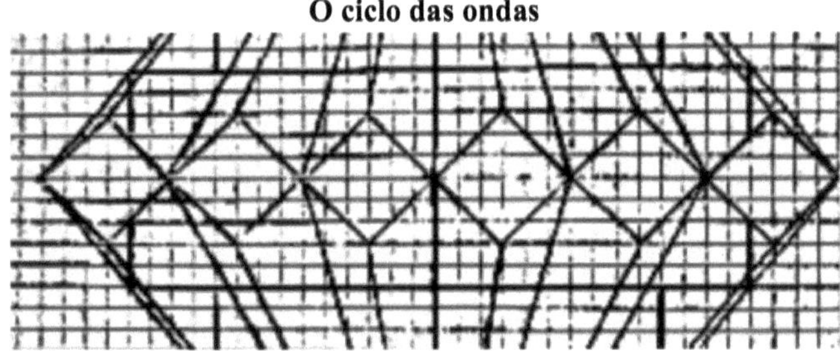

Fonte: NNANG EBANE Sosthene Tresor

Excluindo a estagnação registada entre julho e agosto, obtemos 6 arestas verticais, através de um ciclo ondulatório. O primeiro ciclo oferece 5 arestas, enquanto o segundo se encontra no número 6, cujo vértice é 11. Os números 5 e 6 representam os valores ondulatórios do quadrado de 7 cm. Tendo em conta o que precede, o calendário é uma tomada simbólica do número 7. Cada quadrado é composto por 4 lados, e são 6, pelo que 4x6=24.

7-) A perceção geométrica do calendário

Tendo apresentado o eixo 7 do calendário e os seus valores ondulatórios, trata-se agora de extrair a sua imagem integral. Foi mostrado acima que o número 7 tem o número 4 como centro de simetria aritmética, que coincide com o mês de julho (7) através destes mesmos números como centro do calendário a partir de uma perceção ondulatória. A altura a partir deste centro será seccionada em quatro partes relacionadas com os números 28, 29, 30 e 31, referentes aos diferentes meses do ano. O número 28 constituirá então o vértice desta figura geométrica, formando ao mesmo tempo o seu centro na base. O exemplo seguinte ilustra bem o que acaba de ser dito:

A pirâmide do tempo

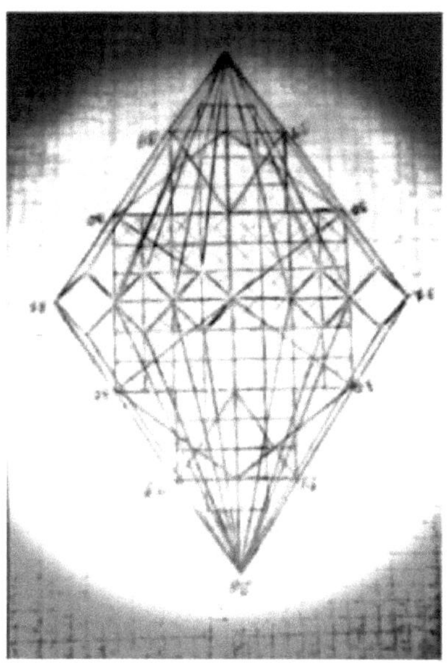

A forma geométrica resultante é simplesmente magnífica, o centro ondulante parece mais imponente do que os triângulos que se estendem do centro em direção ao céu e à terra. Além disso, revela-se no seu interior uma outra forma geométrica tripartida. O quadrilátero do centro é maior do que os outros dois, que se situam na parte superior e na parte inferior, com a mesma dimensão. Se nos lembrarmos da configuração das cabaças do instrumento Mvet Ekang, verificamos que a maior está por vezes situada entre duas outras da mesma proporção. Do mesmo modo, os castiçais judaicos, a Menorá e a Hanukkiah, têm por vezes o ramo principal mais alto do que os ramos circundantes. A Harpa Sagrada segue esta mesma lógica. A presença do número 9 ao longo do comprimento deste retângulo numa base quadrada revela a 8ª diagonal como o seu centro de simetria, dando-lhe a base de um triângulo diagonal e fractal. O calendário é, portanto, uma pirâmide que reúne todos estes instrumentos religiosos numa única base. Assim, diz-se que o tripleto numérico é a expressão da multiplicidade na unidade.

8-) O painel luminoso

Muitas vezes, o instrumento Mvet Ekang parece ter apenas uma metade de uma cabaça central por baixo dos cordofones, pelo que vamos analisar o quadrilátero no centro. Este retângulo luminoso tem uma caraterística muito especial, na medida em que combina o castiçal de 7 braços e o castiçal de 9 braços. O quadrilátero abaixo será portanto analisado em pormenor:

Figura: painel luminoso9/4 e 7/3

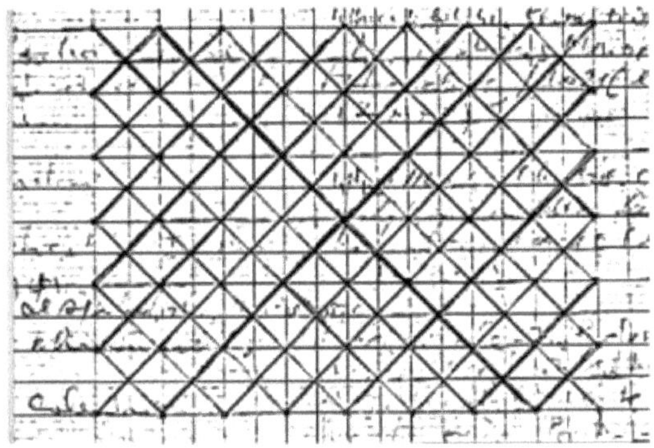

Fonte:NNANGEBANESostheneTresor

Leitura horizontal: (7x6)+(8x5)=42+40=82

Leitura vertical: (6x7)+(5x8)=42+40=82

Leitura da diagonal: 2+4+6+8+10+11+11+10+8+6+4+2=82

O tripleto da leitura triangular é 30-22-30. Note-se que o número 22 indica o valor estagnado do triângulo contido nesta imagem, mas o mesmo número refere-se às leituras superior e inferior das diagonais contidas num quadrado cujos lados medem 7 cm de comprimento. O número 7 revela-se mais uma vez como o centro do universo.

Os sete ramos do candelabro, segundo um entendimento mais naturalista, definem o crescimento de uma determinada árvore. No entanto, reconhece-se que algumas árvores crescem de acordo com as estações, e é aí que entra a noção de tempo. Assim, a configuração geométrica e aritmética do calendário não é de todo surpreendente. O mesmo se aplica aos Mvet Ekang, cujas meias cabaças são o fruto da cabaceira. O crescimento dos elementos naturais é possibilitado pela visão geométrica através das diagonais, que são capazes de deformar a estrutura de um quadrilátero. Quando uma das diagonais é mais comprida que a outra, o quadrilátero automaticamente ganha volume, se comparado a quando elas têm o mesmo comprimento. A pequenez e o tamanho são duas características de um mesmo elemento, razão pela qual os cordofones de Ngombi e Mvet Oyeng são simultaneamente ascendentes e descendentes. Do mesmo modo, o calendário conta meses de 28, 30 e 31 dias num único ano. A matemática não é apenas a simples manipulação de números e formas, mas sim a nossa unidade interior com a natureza. É um conhecimento extremo do ser sob várias naturezas, agrupando assim todas as ciências numa única nomenclatura.

9-) Trigémeos 365 e 366

a-) tripletos paralelos

Embora o tripleto numérico se refira principalmente ao triângulo como figura geométrica construída em torno do alinhamento de três (3) pontos, ele também define uma certa evolução. O tripleto 365 evoca uma subida de 3 para 6, depois uma regressão de 6 para 5. Por outro lado, o tripleto 366 evoca um crescimento de

165

3 a 6, depois uma estagnação de 6 a 6, demonstrando que não pode haver evolução sem um período de repouso. Tanto o crescimento como a decadência passam por um período de repouso, que lhes permite retomar o crescimento ou a decadência. Aqui, o repouso parece referir-se a um certo foco de regeneração, de reconstrução e mesmo de reconstituição da consciência. Deste modo, a questão da vida eterna da memória é transposta para o próprio coração das figuras e dos números. Há sempre um organismo vivo no seio de um outro, do qual se serve apenas para se descobrir, e que dele depende. A divisão dos triplos aritméticos (03) em zonas de dois (02) limites revela finalmente a unidade de quatro (4) pontos, ou (3;6) e (6;5) ou (3;6) e (6;6). Assim, o triângulo conhecido como vivificante, está sempre associado ao quadrado conhecido como vivificante. Contamos 4 dedos nas nossas mãos, mas há 3 intervalos entre esses dedos, razão pela qual o número evoca o invisível, ao contrário do primeiro, que é a matéria. A pirâmide tem, portanto, um valor simbólico enquanto manifestação concreta da vida. Como o triângulo está ao mesmo tempo dentro e fora do quadrado, exprime a sua natureza espiritual original. O triângulo possui, assim, uma vida fora do quadrado, o que explica o facto de a própria pirâmide ser obra do espírito ou do invisível.

b-) os triplos 365, 366 e as diagonais

A relação paralela dos trigémeos foi seguida até este ponto, porque o primeiro precisa de ser sobreposto ao segundo da mesma forma que a divisão. O primeiro situa-se, portanto, no nível superior, enquanto o segundo se situa no nível inferior, após o que as diferentes leituras são colocadas em diagonal. Assim, é possível dividir as tercinas em dois blocos: 36/36 e 65/66.

O núcleo diagonal (36X) do eixo

3   6

*   *

3   6

Fonte: NNANG EBANE Sosthene Tresor

A relação de adição revela o número 9 como o resultado das operações 3+6=9 e 6+3=9, depois 3+6=9 e 6+3=9, daí o número 9999, ou 4^9=36. O número 9999 pode ser dividido em dois grandes grupos, um tripleto 999 e um quádruplo 9999, daí a revelação do número 7, tomado como eixo de construção do calendário gregoriano. No entanto, a disposição triangular, paralela, fractal e diagonal deste quatruplo revela o número 8, como valor intervalar do número 9. Assim, temos 8 perfurações superiores, 8 cordofones, perfurações inferiores, logo 3x8=24 (Ngombi). O resultado limpo (9) não está longe do número 24, que simboliza a duração do dia e da noite. O quadrado com um comprimento de 9 perfurações tem valores de onda 7 e 8, logo 7+8+9=24. A lógica matemática associada à noção de tripleto aritmético apresenta duas possibilidades: a primeira relaciona-se com a figura trilateral (triângulo) através da soma de três pontos alinhados. A segunda é construída em torno do quadrado e das diagonais como regressão de um dado

166

número n em duas dimensões notadas n-2 e n-1. Daí o número 9, em que n diminui para 7 (n-2) e depois para 8 (n-1). T(n)=(n-2)+(n-1) é igual a T (9)=(9-2)+(9-1)=7+8. De seguida, o coração muda de dígitos:

O núcleo diagonal (36X) do eixo

$$9 \qquad 9$$
$$* \qquad *$$
$$9 \qquad 9$$

Fonte: NNANG EBANE Sosthene Tresor

Logicamente, o quadrado de 9 perfurações de onde é extraída a Ngombi/Ngoma, ou Harpa Sagrada, aparece em todo o seu esplendor. O número 36 designaria, portanto, o perímetro do quadrado de 4x9. O número 9 está assim associado à revolução do tempo - não se diz que a duração de uma gravidez é de 9 meses? O número evoca, portanto, a ideia de evacuação, de vómito, de exteriorização, de manifestação da vida, que se desenrola no tempo. A visão simbólica da Harpa Sagrada relaciona-se assim com a descoberta do eu interior. A espiritualidade está assim ligada a factos práticos universais, vividos por todos e verificáveis por todos. Vejamos agora a segunda metade dos tripletos numéricos que sobrepusemos:

O núcleo diagonal (36X) do eixo

$$6 \qquad 5$$
$$* \qquad *$$
$$6 \qquad 6$$

Fonte: NNANG EBANE Sosthene Tresor

Podemos ver que o desenho tem 3 números idênticos e um outro que é diferente. O número 666 é visível na disposição triangular do quadrado, que tem 7 perfurações. De acordo com o modelo da Harpa Sagrada, existem 6 perfurações superiores, 6 cordofones e 6 perfurações inferiores, ou seja, 3x6=18. Os valores ondulatórios do número 7 são 5 e 6, logo 5+6+7=18, pelo que o número 666 é apenas uma perceção homogénea do tripleto 567. O número 18 é a soma de 9+9, o que explica a correlação palpável entre o número 7 e o número 9. Ambos fazem parte dos trigémeos numéricos: 3+1+3=7 e 4+1+4=9, uma perceção simbólica da Menorá (castiçal de 7 braços) e da Hanukkiah (castiçal de 9 braços). Assim, o calendário gregoriano é visto como uma realidade concreta dos castiçais judaicos.

Uma leitura diagonal revela as somas 11=5+6 e 6+5=11, e 12=6+6 e 12=6+6. Além disso, 11+11=22 e 12+12=24. Recordando o primeiro eixo temporal, demonstrou-se que não só os 12 meses do ano estão construídos em torno do número 7, mas também que o mesmo eixo é a soma da unidade dos castiçais de 13 ramos, dos quais o número 7 simboliza o principal, e do castiçal de 9 ramos, pelo que 9 ramos mais 13 ramos é igual a 22 ramos. Tendo em conta o que precede, os castiçais referem-se à passagem do tempo, que regenera, acompanhando a obra de procriação.

O núcleo diagonal (36X) do eixo

22   24

*   *

24   22

Fonte: NNANG EBANE Sosthene Tresor

O número 12 é um valor globalizante, enquanto o número 11 é o valor numérico do seu intervalo, resultando num aumento de cada um dos valores 11+11=22 e 12+12=24. No entanto, verificamos que o número 22 não é o valor intervalar real do número 24, pelo que lhe acrescentamos uma unidade, obtendo 23 e 24. O corpo é, portanto, simbolizado pelo número 24, enquanto o número 22 se refere ao espírito. À luz do que precede, as diagonais parecem mostrar que devemos ter sempre um olhar muito particular sobre o conteúdo do espírito e não sobre o do púlpito. Uma das diagonais, a 24, é mais comprida do que a 22, o que indica que há sempre um equilíbrio de forças entre os desejos carnais e os espirituais. As diagonais simbolizam, portanto, o coração do homem, uma vez que se encontram no interior do quadrado (corpo). A vida é, portanto, interna e não externa ao corpo humano, que não é mais nem menos do que um simples espelho que reflecte os pensamentos interiores. O tempo assim evocado pelos calendários não é sempre relativo às estações, mas também à luta perpétua entre a matéria e o espírito. Por isso, seria um erro afirmar que o Ekang Mvet, a Máscara Punu, o Songo, o Ngombi e os Candelabros Judaicos são realidades civilizacionais, completamente estranhas ao nosso tempo. Estamos a falar da preservação incondicional da memória, que é, na realidade, a própria expressão do tempo e, portanto, da eternidade. Sempre estive convencido de que os Antepassados estão abertos a todos aqueles que se interessam pela sua história. Ela não pode afundar-se nas sombras do esquecimento, porque os ritos de posse da terra foram celebrados antecipadamente, para perpetuar esse conhecimento. O tempo não grita dos telhados para se fazer entender, mas põe toda a gente de acordo quando chega. A memória do esquecimento é um nascimento reactualizado que se funde com o presente, com o objetivo de preencher o vazio que nos tornou tão impotentes aos olhos espantados dos nossos detractores.

b-) os triplos 365, 366, as diagonais e os eixos de simetria

Sobrepondo o tripleto 365 ao tripleto 366, ligando o número superior 3 ao número inferior 6, e o número inferior 3 ao número superior 5, obtemos os números diagonais 3+6=9 e 3+5=8. No entanto, a razão central é 12=6+6, 12 superior e 12 inferior. Os números (9,9) e (8,8) simbolizam as diagonais, enquanto os números (6,6) se referem ao eixo de simetria, revelando a própria natureza de um quadrilátero. Existem duas (2) diagonais e um (1) eixo de simetria, cada um com duas (2) extremidades, pelo que os números 3 e 6 são os símbolos numéricos de um quadrilátero. O número 9=3+6, resume a unidade das diagonais com um eixo de simetria.

168

Foi demonstrado acima que o número 8 é um valor integral do número 9 e é também o valor do tripleto da triangulação do quadrado de 9 perfurações, cujo tripleto correspondente é 888 ou 3x8=24. Além disso, o número 12 representa o grau de estagnação diagonal do quadrado de 8 perfurações. O número tem um valor numérico superior ao eixo do calendário 7, 7+1=8, pelo que o número simboliza a renovação. Assim, ele encarna a passagem de dezembro para janeiro, simbolizando o 13º mês.

O número 9 é a expressão da mobilidade, porque corresponde ao número 28 (o número de dias em fevereiro), através da sua tabela luminosa, cuja estagnação é 7777 ou 4x7=28. De acordo com a tabela luminosa do 9, o triplo 888 (ou seja 3x8=24) situa-se entre o quádruplo 7777 cuja visão prática é 7878787, portanto 7+8+9=24.

Esta correspondência aritmética está habilmente inscrita no Ngoma, Ngombi, ou Harpa Sagrada do Gabão. Além disso, o número 28 mais uma (1) unidade refere-se ao número 29. Este número é igual à soma de (3+6+5)+(3+6+6)=14+15=29. Do mesmo modo, 365+1=366 simboliza, respetivamente, o valor numérico do intervalo (invisível) e o valor aritmético prático (físico).

fevereiro tem menos dias do que os outros meses, mas encarna a mobilidade ou a vida através da variação do número dos seus dias, enquanto os outros meses permanecem imóveis. Do mesmo modo, os estribilhos dos instrumentos de corda representam a única parte flexível. A vida organiza-se em torno de uma coluna da qual emergem inúmeras ramificações até ao infinito. Assim, o calendário não serve apenas para ler o tempo que passa, mas também para ler o tempo que nunca muda. Há sempre uma origem anterior a toda a existência. A compreensão dessa existência conduz certamente a essa origem desconhecida. A genealogia é simplesmente o reconhecimento manifesto de que um povo pertence a um criador invisível.

A apreciação de um objeto é, na maioria das vezes, condicionada pelo enquadramento em que é tradicionalmente apresentado, porque transporta em primeiro plano uma ideia importante que se pretende generalizar. A partilha de um saber comum e a sua preservação por um grupo de indivíduos não é motivo de queixa, mas sim a proibição formal do seu estudo fora do campo de interação inicial. É como um fenómeno estranho que, por vezes, aparece do nada e toca o observador de uma forma mais íntima, levando-o a prosseguir a sua compreensão do objeto para além dos antigos limites da fronteira. Este desvio da história é infelizmente visto como uma grande traição, por parte dos mais velhos que querem preservar um património comum, mas de acordo com o modelo original. Esta abordagem parece certamente mais lógica numa sociedade em que os indivíduos já não sabem onde se dirigir para se reapropriarem de conhecimentos ancestrais que foram durante muito tempo rotulados de diabólicos. É perfeitamente natural partir desses conhecimentos para construir uma sociedade à imagem de uma estirpe própria. Não deveria a elevação espiritual a que se refere o termo "Mvet" encontrar sentido nesta nova visão? A procura da verdade é um caminho que exige uma abordagem verdadeiramente consciente, com o objetivo de satisfazer uma sede pessoal, que não queremos deixar que seja obscurecida por uma vontade externa. Os instrumentos sagrados são em si mesmos discursos a escutar, tal como são manipulados pelos homens. Tal como os povos oprimidos devem definir-se nos seus próprios termos. A espiritualidade exige também uma certa capacidade de se fundir pessoalmente com o objeto para o compreender. A unidade com o invisível é suposta ser uma preocupação pessoal, que pode mais tarde ser acompanhada por uma ajuda externa singular ou colectiva. O resultado esperado tende a unificar as artes tradicionais, mesmo que não pertençam ao mesmo grupo étnico, o que levanta questões sobre a disseminação de um conhecimento comum cujas origens não são unanimemente aceites? Os Fangs, os Punu e os Hebreus ocupam zonas geográficas diferentes, mas as suas artes estão ligadas ao Egipto faraónico através da pirâmide? Esta região do mundo é o epicentro do conhecimento espiritual e científico. O estudo das artes sagradas tende a defini-los como povos irmãos, porque partilham uma herança ancestral comum, para além do discurso oral que os coloca em lados opostos do mundo. Esta nova valorização das artes sagradas está em consonância com o pensamento do ilustre escritor gabonês Fidele OKUE NgOU, que disse: *"Gosto de pensar que muitos jovens do vosso ðёnёzauon terão a vocação de procurar os tesouros da nossa cultura no final dos seus estudos universitários. A ciência da matemática, há muito apresentada como uma disciplina escolar e como uma realidade exterior aos povos africanos, revela-se, contra todas as probabilidades, no seio das suas artes espirituais tradicionais. No entanto, o aspeto espiritual é mais proeminente do que o matemático, que talvez seja silenciado pela ação odiosa da colonização, pela simples ignorância, ou pelo facto de a mente ser uma dominante incondicional da matéria? Ou seja, ao essencial, que é o invisível.

Os cordofones são a única parte flexível dos Mvet Ekang e Ngombi, situados no seu centro, tal como a alma humana está dentro do corpo. O contexto egípcio acrescenta um sabor particular, através do som que simboliza as águas do Nilo, ou seja, o vivificador que dá vida ao vivificador (pirâmide). O tempo não é apenas as horas que passam como as águas do rio, mas também a expressão manifesta da vida, através do movimento numa estrutura imóvel. O mês de fevereiro é justamente caracterizado pela mobilidade através da variação do número de dias que o compõem - 28 ou 29 - em contraste com a estagnação de outros meses. As artes sagradas africanas revelam a vida como estando contida numa estrutura. A estrutura não é a vida, mas contém-na. Terá sido assim que a vida se formou originalmente? O número 1, que se refere à evolução das figuras e dos números em intervalos, indica que o número 28 não só é anterior, mas também superior ao número 29, que é a sua mutação. Assim, este último não pode ser superior ao primeiro segundo o outro da criação, porque se baseia no primeiro. A criança não pode ser definida como dominante em relação aos seus pais? O respeito pelo invisível já não está no auge da sua glória nesta época moderna; o púlpito está a assumir um enorme poder sobre o espírito, daí a perdição do género humano. A modernidade assenta em aproximações que não garantem o bem-estar da alma humana; pelo contrário, é sustentada por outros valores imorais como o abandono parental, o divórcio, a negação da identidade, etc. A genealogia ou o respeito pelos mais velhos continua a ser a espinha dorsal que liga as pessoas ao invisível, do qual o ramo de palmeira (um indicador do tempo) continua a ser um símbolo muito pungente. A dupla possibilidade de ascensão e de regressão dos cordofones numa única tomada ilustra perfeitamente a unidade das gerações. O Alfa e o Ómega, adjectivos religiosos atribuídos a Deus, encontram-se evidentemente aqui. Não será esta uma razão suficiente para exigir a devolução das nossas memórias civilizacionais aprisionadas nos caixões mal envernizados dos nossos museus?

FONTES E BIBLIOGRAFIA

1-) Sítios Web

a-) cultura

https://www.amazon.fr>calendar-multicomore-43c...

http s://www j epense. org>le-triangle-et-son- sypbolisme

https://www.fr.m.wikipedia.org>wiki>menorah/2020(8 dezembro)

https://www.fr.m.wikipedia.org>wiki>menorah-symbol-of-judaism/2021 (27 de maio)

https://www.laportedubonheur.com>história-e-significância...

http s: //www.fr.m. wikip edia. org>wiki>mvett

https://www.cursus.edu>understanding-the-transmission-of-oral-knowledge-through-the-mvet/(2023)

https://www.wikiwand.com>the-people-fang

https://www.art-masque-africain.com>the-punu-mask

https://www.corep.fr>definição-calendário

https://www.choisir.ch/symboliques-des-lettres-hebraiques/2018 (10 de janeiro)

https://www.numeration-hebraique

http s: //www.anthio cus.over-blog.com>Tav

https://www.laportedubonheur.com>história-e-significância-da-estrela-de-david

https://www.mummies2pyramid.com>imagem

https://www.etre-nature.fr>alphabet-hebrew

https://www.acoursdhebreu.com>alphabet-hebrew

https ://www.clubawale.com>songo

https://www.bantoozone.org>ngoma-harpe-fang-music-gabon

https://www.mon-gabon.com>província-de-woleu-ntem

https://www.culturebene.com>as-origens-do-songo-este-jogo-mítico-do-povo-ekang

https://www.lepratiquedugabon.com>the-masks-of-gabon

https://www.holyart.fr>blog>religious-article/the-menorah-a-sept-branches-(2020)

b-) matemática

https://www.fr.m.wikipedia.org>wiki>the-pascal-triangle

https://www.paramaths.fr>pascal-triangle/nicolas-masset/3(junho 2022)

https://www.mathcoaching.com>cartão>reconhecer-e-descrever-um-triângulo-retângulo

https://www.fr.m.wikipedia.org>wiki>geometrie-sacree

https://www.fr.m.wikipedia.org>wiki>fractals/2021(8 de julho)

https://www.larousse.fr>matemática

https://www.educastream.com>the-rectangle

https://www.clg-monnet-bruiis-versailles.fr>the-quadrilateres-convex-crossings-côncavo

https://www.centre-scoences.org>o-calendário

https://www.nationalgeographic.fr>as-fases-da-lua

2-) Bibliografia

a-) cultura

Fidele OKUE NgOU, Elements typiques de la culture fang, Mitzic, 2003 p.91

b-) matemática

Coleção de fractais matemáticos títulos A1et B, Bordas, Paris, 1992 p.2

Coleção inter-africana de matemática, resolver os problemas geométricos, EDICEF 1995 p.7

nnangebanes@gmail.com

Nasceu a 30/09/1989 em Okala, uma pequena aldeia da província de Woleu-Ntem, no Gabão. Estudou na Universidade Omar Bongo, em Libreville, no Departamento de Estudos Anglofónicos, onde se licenciou. Atualmente, trabalha como agente de segurança na Vigile Services Protection (VSP), uma empresa anteriormente conhecida como Gabon Poste. Amante da vida ancestral, procura reconstituir os seus passos através desta obra, fruto de um forte pedido de amigos, que o encontraram bastante bem estabelecido no assunto. A obra baseia-se exclusivamente nas suas observações sobre as artes sagradas: a Menorá, o Mvet Ekang, a Hanukkia, a máscara de Punu, a Harpa Sagrada (Ngombi ou Ngoma) e o Songo, para os quais o calendário serve de ponto de referência. Esclarece, no entanto, que não é um matemático de formação, mas que se deixa levar pelo inebriante universo científico das memórias civilizacionais.

Printed by Books on Demand GmbH, Norderstedt / Germany